风景园林的视觉化设计

功能 概念 策略

艾尔克·梅腾斯 著

金荷仙 林冬青 罗华 译

杨至德 校

华中科技大学出版社
http://www.hustp.com

图书在版编目（CIP）数据

风景园林的视觉化设计：功能、概念、策略 /（德）梅腾斯 著；金荷仙 林冬青 罗华 译；杨至德 校.
—武汉：华中科技大学出版社，2013.9
ISBN 978-7-5609-6824-7

Ⅰ.①风… Ⅱ.①梅… ②金… ③林… ④罗… ⑤杨… Ⅲ.①景观－园林设计－绘画－技法（美术） Ⅳ.①TU986.2

中国版本图书馆CIP数据核字(2010)第250782号

© 2009 Birkhäuser GmbH，P.O. Box 133，4010 Basel，Switzerland

Elke Mertens：Visualizing Landscape Architecture

简体中文版由 Birkhäuser 出版社授权华中科技大学出版社有限责任公司在全球范围内出版、发行

湖北省版权局著作权合同登记　图字：17-2011-077号

风景园林的视觉化设计：功能、概念、策略　艾尔克·梅腾斯 著 金荷仙 林冬青 罗华 译 杨至德 校

出版发行：华中科技大学出版社（中国·武汉）
地　　址：武汉市武昌珞喻路1037号（邮编：430074）
出 版 人：阮海洪

责任编辑：贺　晴
责任监印：张贵君
责任校对：王　娜

印　　刷：利丰雅高印刷（深圳）有限公司
开　　本：982 mm×1180 mm　1/16
印　　张：12
字　　数：154千字
版　　次：2013年9月第1版　第1次印刷
定　　价：198.00元

投稿邮箱：heq@hustp.com
本书若有印装质量问题，请向出版社营销中心调换
全国免费服务热线：400-6679-118 竭诚为您服务

Visualizing Landscape Architecture

FUNCTIONS | CONCEPTS | STRATEGIES

ELKE MERTENS

目　录

编者按

　　举例的插图编号与本书的三部分相对应。插图编号引自于内文，每张图片有明确的图注，并且在图中标明了图片提供者的信息。如果几张图片属于同一个项目且由同一位作者提供，则在第一张插图处标明。

　　在内容较多的"功能"章节里，介绍段落附带有小的象征性的素描标记，在文字中作为参考。它们由柏林的简（Jan）和金斯·斯坦伯格（Jens Steinberg）提供，用来解释下列内容：

 平面

 空间

 时间

 手绘

 植被

 主要元素

 人

前　言

"我们所推销的不是一个花园或一个公园，而是一个花园或公园的图像，这种图像必须具有冲击力。"（普兰康特，2007年4月）

各种图像是园林设计师的主要语言，向游客表达设计意向，向人们展示开放空间和环境的未来发展，而这也是我们未来生活的构成部分。园林设计师通过图纸、图像和视觉效果来表达设计意图，其设计表现能力让非专业人士羡慕。本书的基本出发点旨在园林设计项目中，对用于设计理念、设计方案交流和表述的视觉方法（从宽泛的角度来讲），进行编译、概览、描述和分析。

这种想法源于我的设计工作，以及在德国柏林和新勃兰登堡多年的教学经历。这种想法在我和同事们的反复交流中得到了广泛的支持，并且日趋成熟。平面图、透视图、模型、概念图以及模拟动画，既是工作的基础，又是促进交流的工具，同时还具有很强的审美价值。编写此书，对我来说是一种享受，希望读者也能与我分享。当然，这需要时间。随着研读的深入，其中的一些图片会变得越来越有趣，一些细节性的东西会越来越清晰地展示出来。

对作为视觉交流工具的图纸和图像材料的描述和分析，不仅仅要关注某个具体的项目或某个公司（许多景观著作都是如此），而且还要考虑到它的更广泛的适应性。不同的设计方案各具特色，具有很强的个性；表现方法也各有特点，带有各自的烙印。当然，各种图像与项目本身和作者本人并不是完全隔离的，这就是为什么我们要在每个图像的下面加上说明的原因。在对二维、三维和四维图像的基本表现功能作了介绍之后，在第二部分介绍了它们在竞标、规划和设计过程中的一些特殊用途。风景园林设计师需要用心与人打交道，以一种前瞻性的、可持续性的方式，对自然和环境产生影响。无论是在空间上，还是在时间上，图像都能够以一种颇具推动力的形式将设计意图表现出来。同样，视觉表现也支持开放的、民主化的设计过程。本书前面几部分就展示出了视觉表现在一些大型规划设计项目上的应用情况，令人印象深刻。

本书所介绍的是目前最常用的一些表现技法。这些方法的未来发展如何以及哪些技术更为常用，我们将拭目以待。但可以有把握地说，动画（包括本书中的一些例子）将在未来发挥更大的作用。但究竟哪种方法将会占主导地位，还有待于未来的发展。

我要感谢我所有的同事以及我工作的公司给我提供的很多帮助，通过与他们进行广泛的交流，我获得了许多影响本书内容的深刻见解以及关于本书内容安排和结构方面的宝贵意见。我无法将他们提供的所有内容在书中尽述，他们解决了我在写作过程中产生的许多问题和要求。虽然没有作为表现图例来介绍，但是我仍要特别感谢提出宝贵意见的埃里希·布赫曼（Erich Buhmann）教授和蒂斯·施罗德（Thies Schröder）教授，以及提供创意设计作品的加布里埃·霍尔斯特（Gabriele Holst）博士。

感谢我的同事安德里亚斯·穆勒（Andreas Müller），是他促成我将想法转变为此书。他作为编辑和我的合作伙伴，长期耐心地参与本书有关细节的讨论。还要感谢奥利弗·克莱因施密特（Oliver Kleinschmidt），他为本书的策划构思做出了贡献——一本关于以现实为视觉材料的视觉表现的图书。最后，我还要感谢为本书做出完美翻译的迈克尔·鲁宾逊（Michael Robinson）和艾里森·柯克兰（Alison Kirkland）。

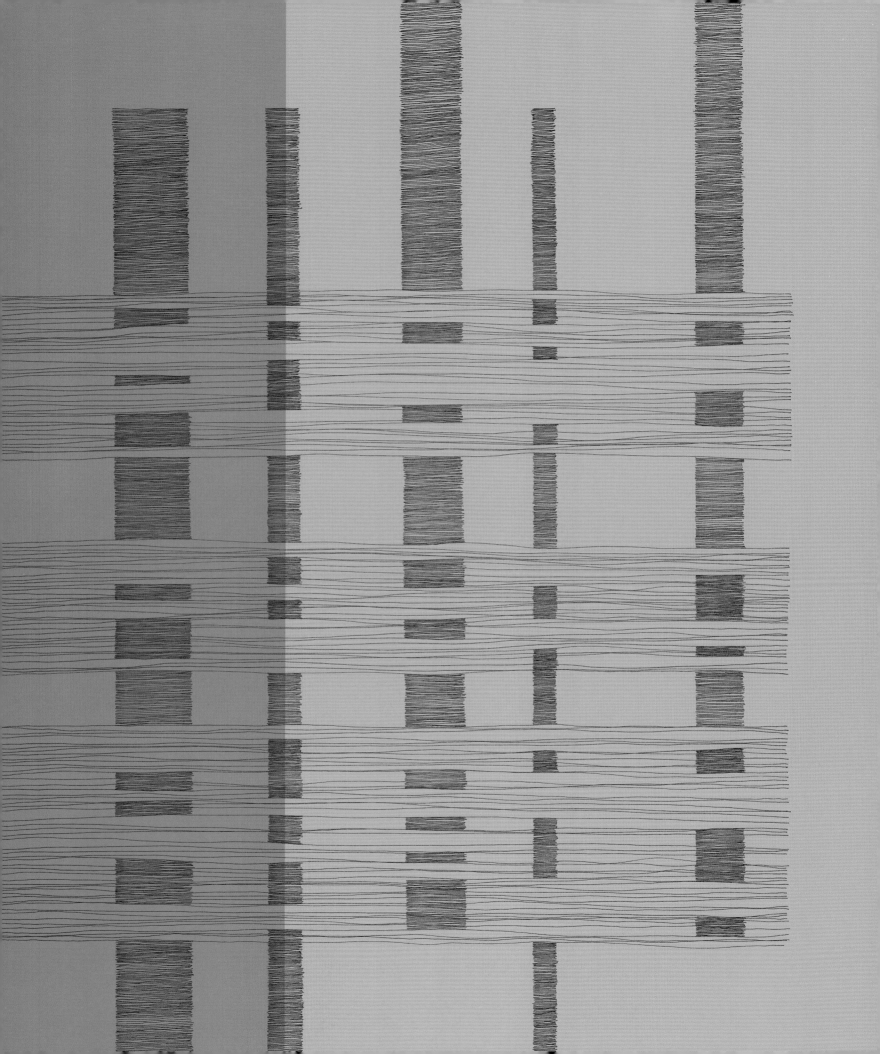

简　介

　　风景园林设计师构思一个区域的景观变化，不断调整设计意图和理念，更好地顺应和满足生态要求，工作包括全面、可持续性的环境规划，协调创建面向未来不同需求的开放空间。设计过程是工作的重要组成部分，包括创意构思及相应的表现图。景观设计首先解决开放区域或开放空间的问题，运用图片、草图、规划和其他图纸，以及模型制作等各种技术手段，目的是表达具体规划意向或建设发展可能形成的结果。

用平面规划图及效果图
表达设计思想及规划目标

设计师用效果图表达设计概念受到各种制约：他们在呈现设计元素的时候，在一定程度上，必须做到准确无误；在传达专业内容的同时，必须让内行、外行都能充分理解。这些表现图是设计师对社会公共空间、自然和环境的发展以及学科现状提出的构想。风景园林设计是注重实践的学科。在过去，无论是在规划设计阶段，还是在项目完成以后，思想理念都处于次要地位。直到最近，在规划设计过程中进行总体性的分析才引起人们的重视，但这并不是说，对某一种方法经过详尽的过程分析，就会形成一种理论体系。在这一点上，就规划设计本身和视觉表现来说，都是如此。有一点必须清楚，那就是如何使规划设计的手段适应处于主导地位的社会条件并应对特定的挑战。从这一点来说，规划设计本身和由它所产生的表现方法，在很大程度上受到上述两个方面的制约。

规划设计的表现形式的自由度很大，不仅有很多习惯

性做法，创新也屡见不鲜，设计师可根据自己方案的构思及创意，自主地采用创造性的表现技法。

设计力求创新，用表现图来表达设计师的创意，这些有可能超前于眼下常见的创新做法，只适用于部分设计师，而如今，绘图手段及设备的发展，让很多做法成为可能，常见的有平面表现、三维立体表现等，由于利用现代计算机来辅助设计，将时间作为第四维设计元素，表现力更强：例如季相变化，植物生长发育，或以散步、驱车、飞跃等方式，动画模拟穿越设计完成后的基地空间。

虽然当前手绘图仍然被广泛使用，同时有人批评用电脑做的图看起来雷同，对电脑绘图的各种评价褒贬不一，但是大量的电脑绘图仍然在逐渐取代过去常用的手绘，毕竟各种计算机设计软件功能强大，而且设计界竞争激烈，规划设计在短时间内调整频繁，所以就更加强调了设计的

过去的表现方法

合理性和使用表现图传达设计意图的完整度。

本书广泛收集了在当前的规划设计过程中可能出现的表现形式,这些表现图主要模拟了基地建成后的景象,其中部分图片表现了可持续发展在设计中的应用,在本书的最后部分有所阐述。

简单地浏览表现手法的发展历史,《探究概念与形式》列举了在规划设计过程中是如何使用各类表现图,分析这些表现图是如何理性地将设计中遇到的问题分类评估,将各种概念设计加以总结,然后平衡各方需求,寻求解决方案。书中还有部分内容表述了在规划设计过程中如何运用这些设计图解决相应问题,列出设计原则,实现规划目标,供讨论方案使用。本书使用的绝大部分图片是从风景园林设计师正在进行的项目中收集的,所以并非最终及最佳效果。

随着花园的不断发展,当花园不仅仅局限于种植水果、蔬菜时,花园平面图就诞生了。遗存的平面图描绘了当初发现或完成花园的情况,而不是用于建造的设计图。规划设计图出现后,表现的基本内容就被运用到当时的景观设计中去。至今,材料和技术已有了很大发展,这里介绍一些不同类型的表现方式在不同的园林风格和数世纪前受保护的花园中的应用,重点在于阐述它们的技术特征。

目前已知的最古老的园林图片出自于埃及,其中一些是复制品。大部分人认为建造花园不属于设计过程,但从一些侥幸得以留存的以平面形式绘制的设计图中可以明显看出精确定位的边界和单个元素,很像现在的规划。令人难以置信的是,使用立面高度而非树冠平面投影来表示树木,与后来的规划图相比,它们不仅提供了树木高度,还提供了其他物种的信息,对于种植设计和灌溉需要的水池的定位都很明确。其中表现出来的按比例绘制,也是目前规划的一个基本特征,这里没有沿袭著名的埃及规划风格,建筑物往往被弱化,以强调花园的重要性。

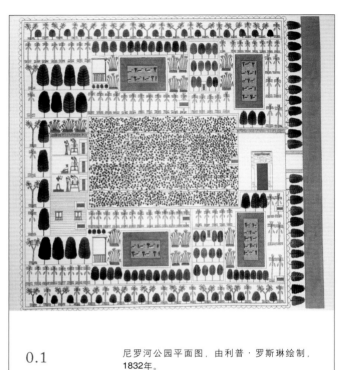

0.1　　尼罗河公园平面图，由利普·罗斯琳绘制，
　　　　1832年。

0.2　　在汶岛上的乌拉尼恩报姆宫轴测图，第谷·布拉赫曾在这里生活
　　　　和工作20年。由琼·布劳铜版雕刻并上色，1663年。

　　这幅尼罗河公园平面图（图0.1）直到1832年才被发行，它以古埃及建筑的风格被呈现出来：树木单独成行，排列在几近正方形的花园里。这种表现方法在现代人看来是不同寻常的，因为不同种类和不同大小的树木并未被加以区别。当然，颜色是自由选择的，但应偏重自然色，常见的有：绿色的树冠、褐色的树干、蓝色的水、红色的建筑物和白色的地面。花园由墙围合而成，对称布置。树木以观众的视角被呈现出来，只有河右边的树木被绘制成

倾斜的。假定在树干基部标记树的位置，而树木则"倾斜"，以表达树形，这样便可以使内容互不重叠。总体而言，该平面图传达了清晰而准确的花园信息。

　　图0.2展现的是由荷兰雕刻家琼·布劳在1663年用彩色铜版雕刻而成的乌拉尼恩报姆宫及其花园里的第谷·布拉赫（Thcho Brahe）天文台。这是一个轴测图的例子，轴测图是今天仍然常用的绘图方法，在平面图的基础上绘

0.3

阿波罗池，凡尔赛宫花园，由戈布尔·皮若乐铜板雕刻，1670年。

制围墙、塔、大门、花园里的亭台楼阁、树木以及天文台等，并且都以相同的倾斜角度绘制。整个地区的平面是正方形，如果把每一个角定位好，就能绘出空间效果。轴测图绘制没有透视变化，所有可见的垂直物的右侧都有阴影，进一步强化了立体效果。铜版画因为详细精确，所以也可以表现单个元素。

凡尔赛宫花园（图0.3）是巴洛克园林的典范，这是一幅铜版雕刻画，从中央角度俯瞰，以第一个平台的中轴线为视线方向，一排人、马及驯马师在中轴线周围，刻画得很详细；在第一个水池以上，第二个平台、运河、三桅船和其他船只在水平线以上。画面反映了君主绝对的统治意志，表现了人对自然的征服欲，这不仅仅是花园平面图，而且将一种理想通过图片表现出来，这种古典花园被完整地留存下来的难度很大，建成后，建设者的兴趣渐减。

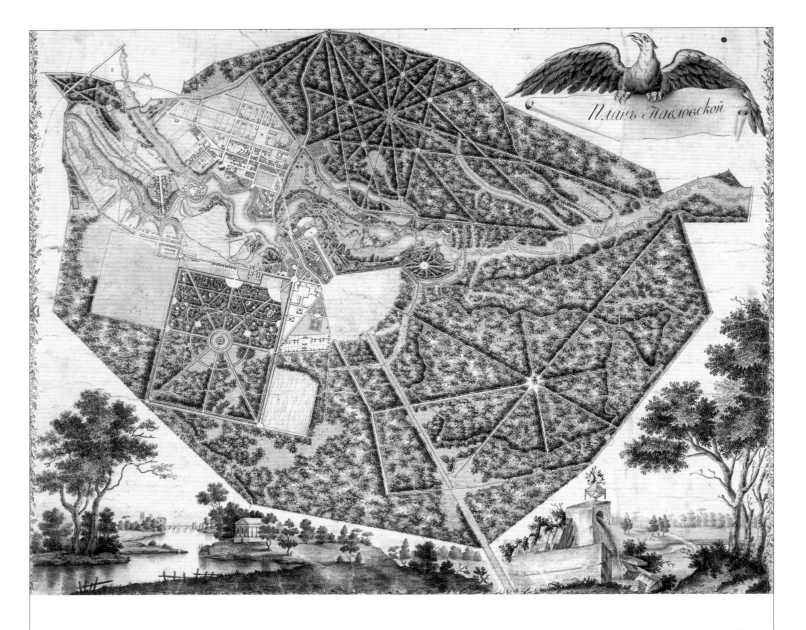

0.4

圣彼得堡附近的巴甫洛夫斯克宫公园，由查尔斯·卡梅伦绘制，水彩水墨画，1780年。

0.5

圣彼得堡附近的彼得霍夫宫花园里的亚当喷泉，由瓦西里·伊万诺维奇·巴朗诺夫使用水彩绘制，1796年。

　　巴甫洛夫斯克宫公园（图0.4）是查尔斯·卡梅伦于1780年使用墨汁和水彩手绘而成。中央花园平面图的形式是二维的，花园以下的个别细部用透视图表达出来的。平面图的景观元素较为详尽，类似于木材结构的淡阴影使平面整体有一种三维的效果，但这里并未将原来地面上的深投影表示出来。透视图是对未被展示出来的三维视图的补充，增强了场地的氛围。但即便如此，透视图看起来也像是后来被加上去的，以便与图纸相适应。其主要原因很可能是为了适应规划图以外的图纸边缘。左右两边的饰边也印证了这种假设，因为这些饰边确实与规划无关。

　　亚当喷泉这幅图纸（图0.5）是巴朗诺夫早在1796年绘制的，三维总图结合二维图示，完整地表达出了该设计的意向。剖面图所示为穿过喷泉和广场中心的相交线，只有剖面图才能显示出喷泉是如何构造的。就这两幅图单独而言，各含有不同的局部视图，放在一起则相互依存、缺一不可。在不考虑该断面图整体精度的情况下，不规则变化的水彩和天空背景使得该图立体感十足，与三维图并无太大差别。图片为纵向构图，原图尺寸为69 cm×52 cm。图中，平面图作为下半部分，占较大区域，断面图作为上半部分，占较小区域，非常接近于黄金分割比例。在现代的景观规划制图中，断面图常带有平面图，但通常是作为独立的图像存在，亦或是如同本案例，与平面图放在一起形成一个整体。

PLAN
von
SANS · SOUCJ
UND DESSEN UMGEBUNGEN,
nebst
PROJECT
fließender und springender Wasser einzubringen,
so wie auch die Promenaden zu verschönern.

0.6

无忧宫及周围的平面图，详细地表现了项目水景、喷泉等其他美化方式，由彼得·约瑟夫·勒内绘制，1816年。

　　波茨坦无忧宫及其周围的平面图（图0.6）由彼得·约瑟夫·勒内1816年绘制，所示为公园及其周边环境的设计，包括已经开发建设的城区和等待开发的区域。图中用深浅一致的颜色表述相同景观元素的连续性。这个公园平面图与以往的完全不同，它不是使一块场地从其周边环境中凸显而独立存在，而是与周边环境遥相呼应、相依而存。在此平面图中，树木和灌木也被绘出，结合投影阴影，从而使平面图有了立体的感觉，堤岸和道路北面边缘的强调也加深了这种感觉。后期中，植物通常也不再被绘出，而是与其他平面元素一样以水平投影的形式被表示出来。

　　夏洛特城堡平面图（图0.7）也是由彼得·约瑟夫·勒内1839年绘制，由平面图和两个详图组成，底部角处的大小是原图的两倍。该平面图受场地所限，没能显示出周边区域。绘图方法与勒内的第一个平面图相同，但是因为图纸比例的关系，使得这幅图的内容更为精确，也更加清晰，色彩上也更为通透彻底，但是浑厚感略显不足。平面图显示土地和水等领域，地形的起伏凸显出地面及水域的变化。两个详细节点图与平面图的绘图方式相

同，都标出了场地中的重要位置。现今的同类景观方案中，可能会包括更详细的细节图，每个创新点以更大的比例，更详细地在图纸上被表现出来。

　　蒂尔加滕公园总体规划图（图0.8）由彼得·约瑟夫·勒内于1840年绘制，蒂尔加滕现位于柏林城的中心，但当时还在城外。总体规划图是用平版印刷的，街道和道路、种植和草坪区、相邻河流与市区的其他设施都有很详细的介绍，形成一种三维的感觉。原始尺寸为90 cm×61.4 cm。

　　这两个平面图（图0.9-0.10）是在1835年4月的一次竞赛中由戈特希尔夫·路德维希（路易）朗格和恩斯特·施道德纳绘制的，该比赛由柏林的建筑师协会（architektenverein）从1827年举办，每月一次，对协会的成员开放。在当时，风景园林还不是一个单独的学科，往往是一个人同时设计和建筑花园，这样可以形成一种整体统一的感觉，在今天，建筑和绿化是分开的。尽管这两种设计是形成于同一个时期，使用类似的绘图工

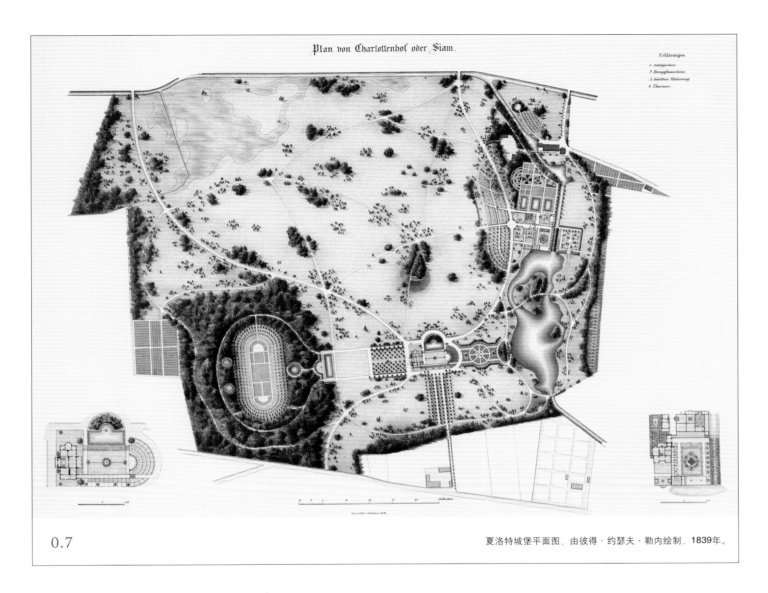

0.7

夏洛特城堡平面图，由彼得·约瑟夫·勒内绘制，1839年。

0.8

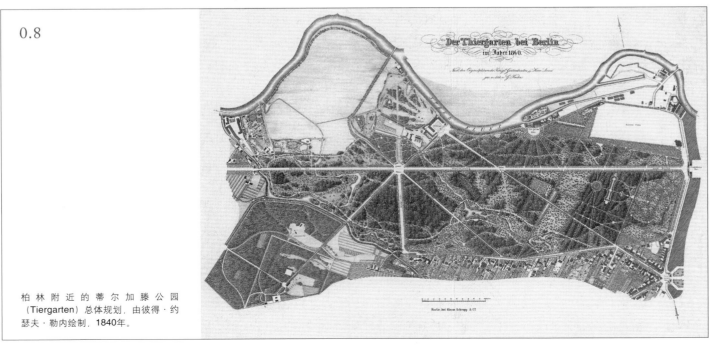

柏林附近的蒂尔加滕公园（Tiergarten）总体规划，由彼得·约瑟夫·勒内绘制，1840年。

0.9　柏林建筑师协会用来举办每日竞赛的别墅平面图，由戈特希尔夫·路德维希（路易）朗格绘制，1835年。

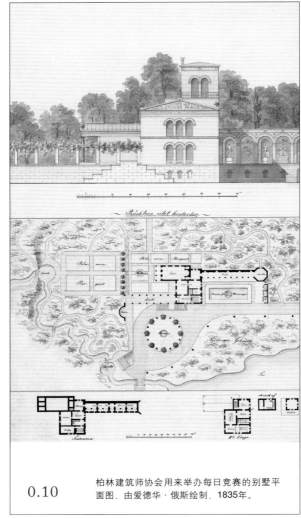

0.10　柏林建筑师协会用来举办每日竞赛的别墅平面图，由爱德华·俄斯绘制，1835年。

具，两位设计师也是基于同一个区域做出的设计，但他们之间还是存在着明显的区别，朗格使用墨水（使用铅笔作为辅助）绘制了一个非常正式的平面布局图、大楼前视图、一层及二层地面的平面图。该图的原始尺寸为40.6 cm×41.4 cm。而施道德纳所绘的图小得多，只有34.1 cm×24.1 cm，使用水墨绘制的公园景观更具自由形式的风格。

1901年由爱德华·俄斯绘制的波茨坦（图0.11）别墅花园的平面图，用黑墨水、铅笔、油墨以1:400的比例在透明纸上绘制，平面图中包含有场地的等高线。该方案侧重于表现南面的场地和树木，图表则为该图的主旨。添加在植被处的阴影强调了规划的景观风格。

这两个手绘图（图0.12、图0.13）是由赫塔哈·默巴赫尔和赫尔曼·曼特用黑墨水在透明纸上绘制的总平面图，1955年在卡塞尔国家园艺展上被展出，原始尺寸为90 cm×189 cm，还包括一幅鸟瞰图，原始尺寸为142 cm×109 cm。制备这种大图纸要付出较多的时间和精力，而且只能在小范围内改动。鸟瞰图虽然能展示出整个场地，但图中的表达却不够详尽。

0.11

波茨坦别墅园的平面图，包括轮廓和周围
的道路，由爱德华·俄斯绘制，1901年。

0.12

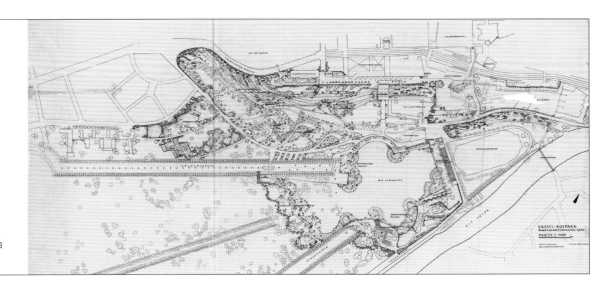

1955年卡塞尔全国园艺展总体规划图，由
赫塔哈·默巴赫尔和赫尔曼·曼特绘制。

0.13

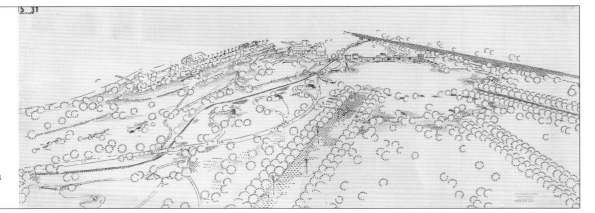

1955年卡塞尔全国园艺展场址鸟瞰图，由赫
塔哈·默巴赫尔和赫尔曼·曼特绘制。

构思概念及形式

在景观设计中，设计任务总是与特定的场地有关，受场地的空间、功能、生态和文化特性的影响。景观设计师在确定设计任务时，必须找到解决当前这些特定问题的方案，同时，要时刻敏锐地意识到这些特性的未来变化。不管是为应对一些社会挑战，或是根据当地的需求及空间管理的要求，委托你重新设计一个花园或规划一个城镇，你都要根据现有条件得出可能的解决方案。"空间是人类最直接的体验"这一原理将始终是规划过程中的一个重要部分。

视觉展示是概念演化、评价、最终决定形式及设计样式的关键环节。这一过程通常由草图或类似的绘图开始，不断地提炼、完善。想使设计更有触感，可制作模型，也可以在电脑屏幕上建立数字模型，或采用图示方法。

创意、造型及形式的构思过程有两个阶段，这两个阶段相互交叉，密切合作，但又各不相同。在第一阶段中，应以一种理性的态度，从技术层面出发；在认知的基础上，对现有场地的不足和未来的需求进行分析、考虑。在第二阶段中，应以一种灵感突发式的、直觉主观的方式表现出最有可能的形式和适宜的方法，这个设计阶段不能过于客观。对风景园林规划设计而言，用亲身的体验感知空间也是极为重要的。如果这种直觉不能被客观地传达出来，它们则会被不同主体进行主观地理解。由于人类对这个世界的看法和感知不同，所以这两个思考阶段不可能产生相同的结果，相反，每个阶段都会得出自己的结果。

详细分析和记录场地的现有基础条件是合理设计的第一个步骤。设计师始终都要调查现有场地所独有的一些特点，例如有生态价值的区域，设计中就应该对其进行保护和开发，调查场地是否有特定的历史意义（不仅仅指场地中所列出的）。设计师还应该对项目基址在周边环境中的位置进行评价，如现有通道和障碍物都应考虑在内，这也是出于对未来用户的考虑。依据特定的需求，每一个特定的规划任务都应分别对这些相关内容进行调查，将从不同方面进行的视觉表达作为设计之依据。这些基础的调研为我们提供了为改善现状而可能采取的方式，但不能只从功能这一个方面来评价设计，功能的满足只是初步指明了我们为改善现状而可能采取的方式，但一个设计的深入绝不仅仅依赖于基本的功能数据。

既遵循场地自身的规律，又融合设计师的直觉与创意，这样的设计才是独特的、和谐的、与场地相匹配的。而最终使得开敞空间能被人们感知到，并作为一个统一的整体，成为一个感知体验的空间，这就是创意的潜在价值。对任何设计的评价都不能脱离功能与形式这两个方面，虽然某些设计理论和方法会强调一个或两个方面，但如果只以一个方面为基础，就会略显不足。

实际上，规划过程中的创意是非常个性化的，通常都会根据风景园林师的个性以及场地的特性不断变化。通常情况下，规划过程没有预定的结果，几乎没有硬性的准则或公式可以遵循，因此，常会形成一些极为个性化的解决方案。规划过程中的创意阶段使得整个绘制流程的难度加大。在构想阶段的初始状态，主观层面上的体验设计尤为重要。

创意方法比理性方法更为多变，抛弃常规的和熟悉的元素有助于找到更新和更好的解决方案。必要时完全可以彻底推翻以往的体系，重新想象。设计师更应该利用自己的知识和经验，从生活的其他领域、其他学科、其他行业的工作和方法中寻找新元素、新构思，尤其是在设计开始的时候。

寻找构思和形式的过程是漫长的，有时也很乏味。它的特点是周期性地重复，它是在比较、讨论、修改、细化并多次丢弃中螺旋向上并逐步完善的思想过程。因为它是不可预测的，也没有可定义的目标，所以它可能在一段时期内使人感到不安。开始时不断提出问题而非制定答案是一个很好的主意。

创意的过程不是单纯过程，往往受到客体和随之而来的条件的不断影响。开放空间的种种要求往往是互相矛盾并难以调和的，如在某些情况下，该地区的空间比例阻碍了特定要求的实施。规划过程中的目标往往相互冲突，必须因地制宜地解决问题；因为开放空间的设计是围绕有限的场地进行的，不能无限扩大来满足不同的要求，所以设计师必须做出决定，权衡所有的选择，然后找到最好的解决办法，审议创意过程中的图纸会发挥重要作用。

有个体的创意构思过程所生成的图片通常不需要面面俱到，因为这些图片很少会被公开。相反，这些图片可作为内部修订和进一步完善的依据，内部修订、扩充和深化通常采用草图和其他绘图形式加以表现和传达。打草图进行修饰以及建立模型使得这些创意变得合理、可行，通过

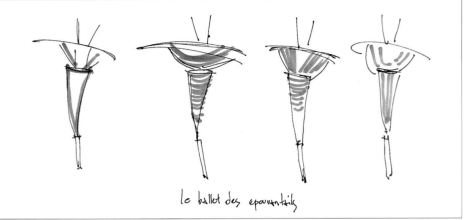

卡迈勒·洛菲手工绘制的稻草人——象征着德国的汉诺威农业景观的发展。附图可被单独用于表达中心思想或被合并，以便自由地创造各种引人注目的芭蕾舞剧的图形。

le ballet des epouventails

绘图及建立模型来校验设计创意的可行性，并将这些创意通过图形表达出来，从而产生一些新的可能或结果。

通常情况下，一些好的建议会成为设计的中心主题，再进一步深化就可成为与设计相关的东西：一个设计创意或主题是否能够成为整个项目或项目的一部分呢？是否行得通？一个可行的创意可通过图形还原的方法最终成为一个象征性的符号。简单快速的草图有助于识别、甄选出最适宜的概念方向，如图0.14，这种草图多是快速绘成，能够还原出场地和新视角的详细特征，特定情况下，配上一定的色度就可作为设计的依据。风景园林设计师对设计及用途的决定在塑造现代社会中发挥着重要作用。每一个开放空间包括创意的发展，都体现着一种态度，这是对社会可能的发展途径的表达，是民主社会的公民（不仅仅是决策者和布道者）最能直接体验到的由规划和建设措施带来的一系列社会、生态和经济成果，所以他们日益广泛参与到开放空间的塑造过程中，外行人可以就开放空间的功能和使用提出合理的建议，而景观设计师能运用专业知识满足这些合理的要求，承担设计深化的创意过程。

项目的一个重要环节，也是方案被接受的关键就是社会公众的参与。适当的参与程序，如用户协商或专家会议等都是为此建立的。这些都由景观设计师筹备主持，并且将最终的结果融入整个设计过程中。参与性方法主要是基于大量的照片和图纸，其中一些照片和图纸都是在集体会议中产生的。

在这种情况下，视觉工作的一个明显优势是使设计讨论能与绘图同时进行。社会公众的参与不仅促进了设计被广泛接受，也提高了规划的开放空间的利用率。这一点很重要，例如附属于学校的开放空间。

在寻找构思和形式的过程中，用于视觉表现的手段是多种多样的。通常，首先可使用传统的铅笔素描，但没有使用材料的限制。与后期的工作流程相比，实际上这一阶段的变化是最大的。

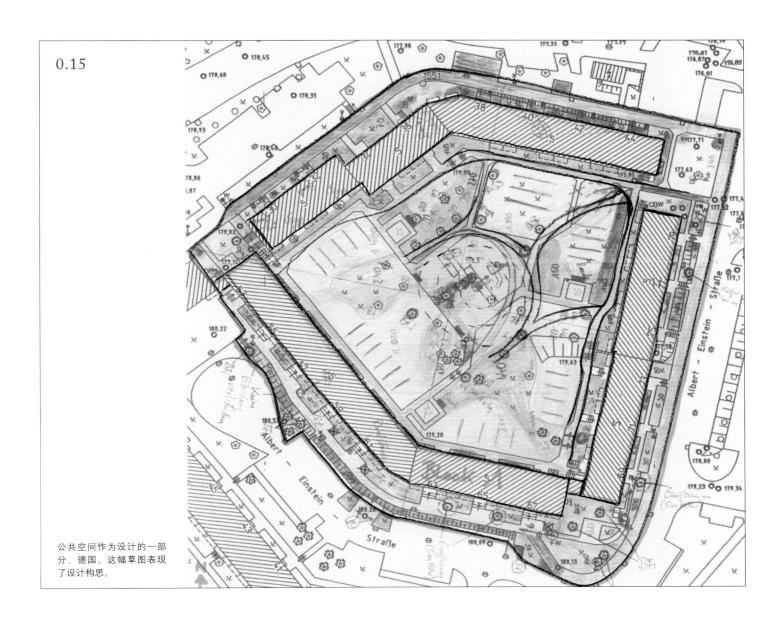

0.15

公共空间作为设计的一部分，德国。这幅草图表现了设计构思。

通过绘图寻找构思和形式

除了下文中讨论的模型以外，绘图是创意形式构思过程中最重要的手段。复原的案例表明，这一过程与场地条件是密不可分的，而且在规划阶段要不断地审查、修订、完善、深化。因此，与下一节中的视觉化表达一样，绘图只是项目进程中的一个过程，而不是一种结果。

在公共场所的开发过程中，如图0.26至图0.28，一个

比较民主的做法就是与市民、规划部门、设计人员和政府讨论，听取他们的建议，这对准确定位未来公共空间的功能及娱乐设施非常重要。在现有的地图上采用视觉化表达比文字表达更有说服力，也更容易被人们所理解。而图片是融合场景需求与功能的一个重要方法，是明确设计意图以及关键节点之间差异的第一步。人们可以通过专家会议、专题会、听证会、展览或互联网的方式参与进来。

瑞士苏黎世行政区内的小区开放空间在设计初始阶段
的不同表现方式。

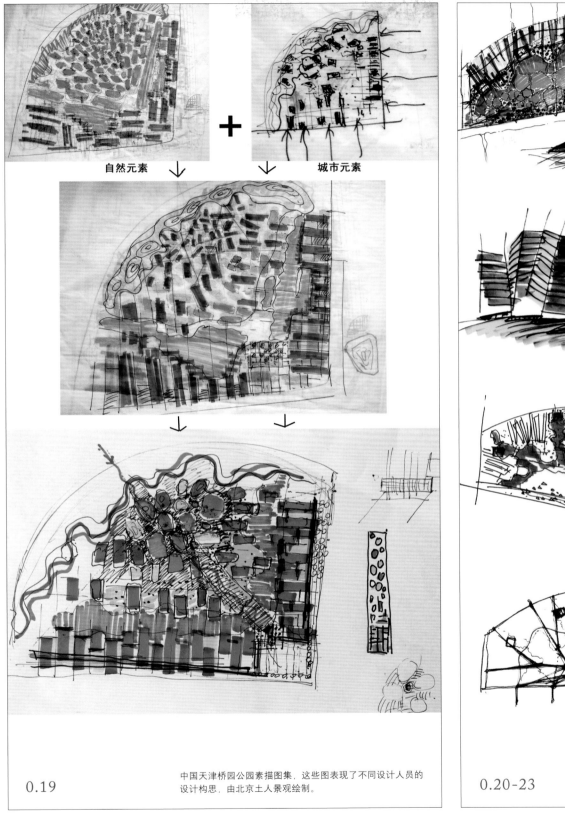

自然元素 ＋ 城市元素

0.19　中国天津桥园公园素描图集，这些图表现了不同设计人员的
设计构思，由北京土人景观绘制。

0.20-23　中国上海绿龙公园在不同阶段的
发展，由北京土人景观绘制。

上海市宝山西城区北块绿龙公园景观规划设计
SHANGHAI CITY BAOSHAN DISTRICT LVLONG PARK LANDSCAPE PLANNING AND DESIGN

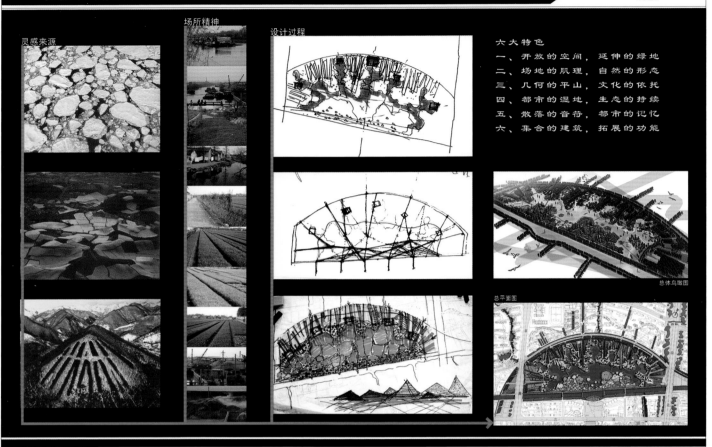

灵感来源

场所精神

设计过程

六大特色
一、 开放的空间， 延伸的绿地
二、 场地的肌理， 自然的形态
三、 几何的平山， 文化的依托
四、 都市的湿地， 生态的持续
五、 散落的音符， 都市的记忆
六、 集合的建筑， 拓展的功能

总体鸟瞰图

总平面图

0.24

上海绿龙公园的整体规划图和构思过程图集。

0.25

阿拉伯联合酋长国阿布扎比哈利法市设计图，该设计与
当地景观相融合。该图是在航拍图基础上绘制的手绘
图，由诺伊曼·古森伯格绘制。

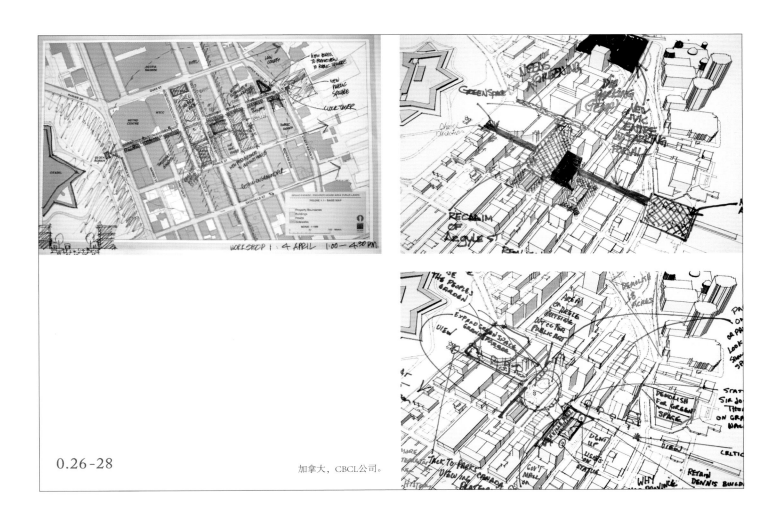

0.26-28

加拿大，CBCL公司。

0.29

戴安娜模型，英国伦敦威尔士女王的纪念喷泉，由古斯特·波特绘制。

利用模型制作寻找构思和形式

戴安娜王妃纪念喷泉的设计很复杂，整个设计基于一个模拟模型，然后又依据该模拟模型制成数字模型。第一步是用粘土制作模型（图0.29），表示出喷泉及其周边区域。据此，可制作出橡胶模型，然后将橡胶模型扫描，再借助自动的电脑辅助程序将其转化为三维数字模型。还可用该模型生产剖面图作为某些区域扩充设计的依据。在更进一步的数字加工过程中，可以计算出545块花岗岩的准确模型和置放位置。如同"打开窗，放进来"（该设计的核心概念）一样，该设计是现代与传统、细节与实施的完美结合，充分表现了该纪念馆的独特个性，与设计主题相符。

寻找构思和形式是一个复杂的过程，是后续项目不可或缺的环节。这一阶段辛苦劳动得到的视觉化成果往往是外行人所看不到的，在后期设计阶段深化之后，这些成果通常只是提供给客户（某些时候也会让公众看到），在下文章节中将专门向读者介绍视觉化表达。

0.30-31 　　在河岸边上的公园的模型详图，由阿比吉尔·费尔德曼绘制。

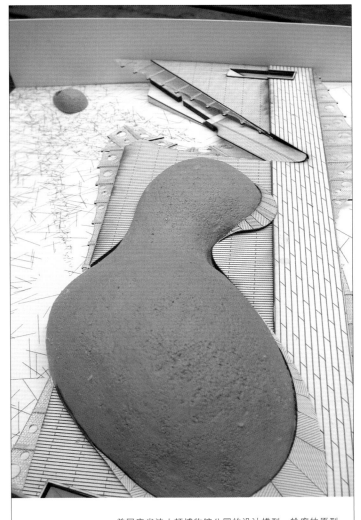

0.32 　　美国麻省波士顿博物馆公园的设计模型，轮廓的原型通过粘土浇铸而成，最终的造型表面通过激光纸板切割而成，由阿比吉尔·费尔德曼绘制。

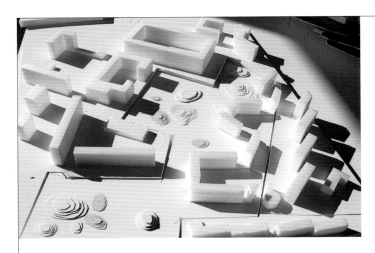

0.33-34

　　哥本哈根西北，1001树池公共公园的设计模型，丹麦SLA景观设计事务所绘制。

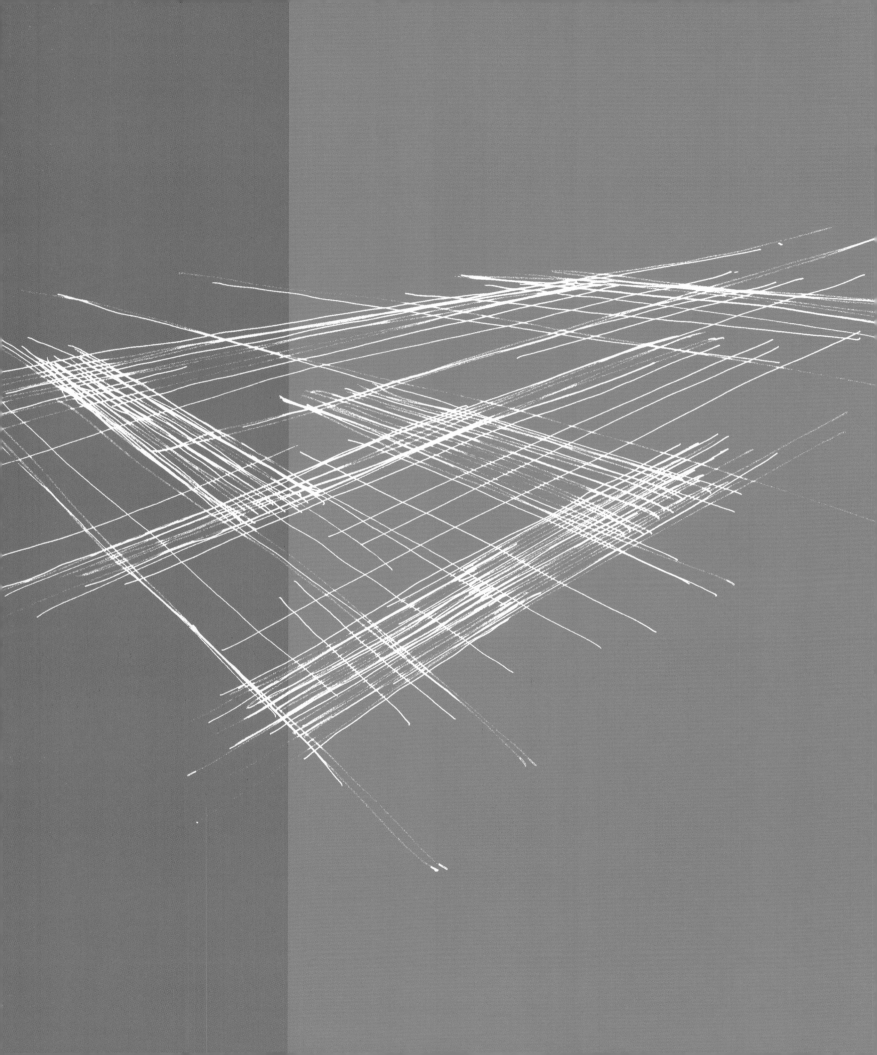

第一部分 功能

在整个风景园林的规划过程中，图片、平面以及可视化表达是传达相关信息的最为重要的工具。下文中，我们将根据其各自所属的维度进行阐述。首先要在平面上进行二维表达，然后进行三维空间表达。本书第三章中对风景园林规划设计中重要的第四维时间的可视化表现进行讨论。这包括开放空间演化的可视化，以及开放空间如何随时间的变化而演化。因此，本书的描述重点不是图片的设计内容，而是图片的视觉化特性。

任何一种技术手段或表现方法都有自己独特的表达优势，但同时也会存在一些局限性。现今的规划复杂多变，单一的图像表达无法满足所有的要求。尽管如此，本书第一章主要选取了一些单独的图纸、模拟和模型，这些作品基于特殊的设计目的而创作，但本书不涉及其各自的相关背景，而是集中于它们各自独特的表达策略上。脱离各自的项目背景，对各作品的项目设计的视觉化表达进行比较发现：同类的项目任务，使用同类的表达技法，产生的图面效果迥异。

视觉化表现是相关设计任务和创意者设计手法的表现方式，它表现了一种社会愿景，同时也是风景园林设计师以一种全面的和空间相关的方法思索未来并将这些想法传达给公众的一种能力。

在展现设计理念的同时，视觉化材料还有助于说服金融投资者以及现在和以后的使用者们。在现今的项目中，我们往往要仔细地推敲图形展示，确认项目是否可行，同时，视觉材料如何合理地展现出规划的功能要求，以及如何从技术、生态和美学层面改善开放空间，这些方面都很重要。一个好方案的首要标志就是有效的视觉化表达。

加布里埃莱·霍尔斯特，斜线的空间 I

功能
平面

二维表现：可能性和局限性

　　风景园林设计师设计改造地球表面时，首先会将地球表面视为一个二维平面，即便是地形丰富生动的景观，人类也只能在特定的时刻感知到其中的个别区域。虽然地球作为球体也有一个光滑的表面，但由于高度存在变化，我们不能简单地将地球表面作为一个平面。地图和地图集通常被印制在平板纸上，而地形一般则通过等高线和色彩被绘制在地图上，路线图和其他导向图常作为垂直投影图被呈现出来，大多数人都习惯于理解这种表现方法，他们读懂图纸并没有问题。谷歌地图作为一种用电脑来观察各种地形的手段长久以来一直被大家广泛应用。其分辨率对规划并无用处，但如果光照条件合适，这些照片就能够传达一种航拍地形的效果。这个程序提供了其他多种可能性，比如通过时间表现行程以及计算太阳的位置。目前风景园林设计师并未将其作为一项行业准则来使用，但在不久的将来，它很可能会被广泛地应用。

在风景园林设计中，平面图是垂直投影或水平投影。在制图学中，平面图所表示的是从上方垂直方向所看到的地球表面形象。由于平面图可以展现出项目的整体情况，所以读者也就能够自然而然地想象出整个开放空间。场地的现状、设计阶段的初步分析、设计理念的展示、规划图纸的绘制、为突出某个区域而增加的附属图像的创建等，都可以通过平面图被表达出来。为便于识读，所有要素都必须按照一定的比例进行绘制，并标注出方向，通常是用一指北的箭头来表示。为便于识别方向、检验规划设计与周围环境的适应情况，通常都要附加上一点对项目区周围情况的展示。

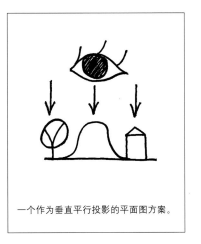

一个作为垂直平行投影的平面图方案。

与地图不同，平面图所表达的是未来的状况，而地图只表示当前所处的位置。平面图也具有定向功能，但更多的是作为作者与读图者之间、用户与决策者之间，就某场地的未来发展和设计进行交流的工具。平面图所表达的信息无法获得真实的体验。对外行人来说，尽管它具有定向功能，乍看起来似乎很简单，但常常很难准确理解规划意图以及规划实施后的景象。他们不得不联想到项目区内的各种要素和它周围的环境，以平面图为基础，再加上一些作为第三维的个人想象，把多幅平面图拼接起来，在视觉上形成一幅完整的图画。因此，对平面图的作者来说，为避免产生混淆，就必须使他的图纸表现出三维的特征。设计师可以通过多种途径做到这一点。

可以将平面图看作一个编码过程，它的编码对象就是场地中的物体、地面覆盖物、植被、出入口、节点和边界等。它只能重现三维现实当中的一个要素，规划图也是如此。可以在平面图中增加一些注释和其他视觉信息，如辅助性的二维图。例如，平面图往往都与剖面图和立面图同时使用，还有等高线，并且按一定的比例表示植物和建筑。

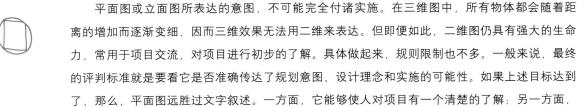

平面图或立面图所表达的意图，不可能完全付诸实施。在三维图中，所有物体都会随着距离的增加而逐渐变细，因而三维效果无法用二维来表达。但即便如此，二维图仍具有强大的生命力，常用于项目交流，对项目进行初步的了解。具体做起来，规则限制也不多。一般来说，最终的评判标准就是要看它是否准确传达了规划意图、设计理念和实施的可能性。如果上述目标达到了，那么，平面图远胜过文字叙述。一方面，它能够使人对项目有一个清楚的了解；另一方面，在全球范围内不管你使用何种语言，它都能够被理解、被读懂。

作为设计基础的平面图

　　在多数情况下，平面图是进一步表达设计思想的基础，在建设阶段可以被付诸实施或者作为其他详略的参照点。设计思想、连接、细部、空间位置和场地划分等，都可以在平面图上被表现出来。平面图必须易于理解、清楚、明白，当然，还要能够被付诸实施。平面图所包含的要素、特征要求和应用对象，取决于所给定的场地。作者应针对给定的条件和要求来绘制平面图，并且在图中应该清楚地体现出其设计方法和观点。

　　平面图的三维表达能力是有限的，但可以通过一些制图技巧加以弥补，如阴影、高度变化、彩色度、灰度等。靠近视点的部分可以暗一些，而远处的部分亮一点。还有其他技术，如线的粗细、对比度等。

　　平面图可以清楚地表示出各部分之间的比例关系、组织结构和空间形态，能够批示出焦点位置、各个不同位置的连接点和边界。当然，这需要精心的、着眼于全局的绘制。

　　对来自不同的国家和不同文化背景的平面图，景观设计师在进行比较时就会发现，图纸所表达的内容和信息基本上都是相同的。区别只是来自于设计师本人特点，而不是所处的地域习惯。各个国家法律制度的不同，以及所采用的基础地图的不同也会导致差异的产生。

　　在设计过程中，平面图作为基础性的图面材料，还要附加一些其他的图面材料，如细部详图、剖面图、立面图和透视图等，可能还会包括一些其他手段，目的是把设计意图阐释清楚。这些辅助性的图面材料都是以平面图为基础，由它延伸而来的。因此，尽管平面图有许多不足之处，但它仍是规划设计的核心。在设计竞赛和其他策化过程中设计理念的表达，在设计的初级阶段和每一个设计阶段之中所进行的场地现状记载和分析，方案的最终实施和规划，以及大型景观规划设计项目的策化等，都需要通过平面图被表达出来。还可以用平面图来表达一些其他内容，如在进行场地划分时，作为一种竞争手段，可以用平面图对潜在用户或各种备选方案进行优劣比较。

　　在项目的起始阶段，对场地现状进行分析，获取场地的有关信息，非常重要，如现有地形地势、现有建筑物、道路布局以及它与周围环境之间的关系等。在接下来进行的初步设计的过程当中，这些资料将构成把设计理念付诸实施的基础。不必专门展示，平面图本身常常就含有一些技术方面的信息，如高度信息、所使用的材料等。现有场地的规划和随之而来的设计，常常采用相同的比例。这样，在设计中所改动的部分能很清楚地被显示出来。工作计划中所要包含的主要就是那些已经清楚标明的区域、实际建造过程中的细节性要素，当然，还需有准确的文字解释。在景观规划中，细部说明常常精确性不高，因为场地一般较大，而比例尺又较小。对于给定的场地，如果一张平面图中的信息重叠严重，难以识读，就需要多做几张平面图，以保证能够提供足够准确的信息。

在项目规划实施的不同阶段，有时还需要简化二维结构图，对现有的和规划的某些特殊方面加以强调，如场地与周围环境之间的关系、内部和外部出入口的指示以及它们的功能和用途等。结构规划图通常也都是二维的，比例尺较小，适用于项目的某个特殊阶段，使复杂的信息变得易于辨读。设计总平面图可以用来阐述设计思想，但也可利用其他的专业表现手法，以便强化核心理念，把各种设计要素与场地背景更好地融合在一起。展示规划图常用来参加竞赛或用作社区参与过程中讨论的基础。

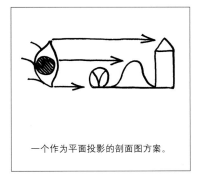

一个作为平面投影的剖面图方案。

第二维——高度：剖面图和立面图

剖面图是地形的竖直切口。剖面图专门用于表达开放空间的地形变化以及高度和长度。各种二维图结合平面图使用，就能够使我们周边的三维场景得以展现。单个剖面图只能显示某一剖面的现状，实际项目中需要绘制多张剖面图来展现一个项目区域的全部场景。

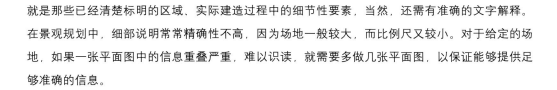

如果平面图中所示剖面在剖断线后补以规划物，就会形成一个剖面和立面的组合形式——剖立面。剖立面结合剖断线以外的其他开放空间元素可用来展示设计的竖向元素，剖立面的优势在于它不需要绘制大量的剖面图，而且表现力更强，能够有效地传达出某一点的立面以及所展现的图像。虽然剖立面不符合正常的人类视觉，但作为平面图的补充表达使得设计更容易被人们理解。

剖立面中能够有效地表达出地形、树木、建筑物的高度以及与高度相关的其他设计元素。不过，因为它们是二维表现图，观众必须基于这些图面在自己脑海中形成一幅三维场景。

剖立面主要是为了解释说明平面图，剖立面与平面图直接相关并且使用相同或类似的表现方式，但是它们仍能传达出其自身的信息，并展现相应的美感，其多用在设计阶段、工作程序图、大样图和施工图的绘制过程中。作为技术性图纸，它们的图纸比例较大，所含细节更多。

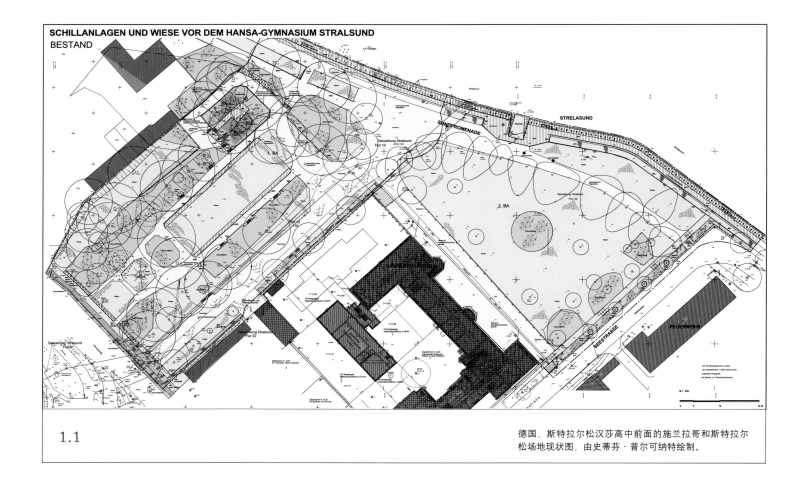

SCHILLANLAGEN UND WIESE VOR DEM HANSA-GYMNASIUM STRALSUND
BESTAND

1.1

德国，斯特拉尔松汉莎高中前面的施兰拉哥和斯特拉尔
松场地现状图，由史蒂芬·普尔可纳特绘制。

场地现状图和现状分析

　　在实际的设计过程之前，现状图通常由设计区域的地形现状构成，以用于
展示该区域的重要特质。在这一阶段，通常不太可能确定出详细的规划需求。
但作为设计任务的一部分，风景园林设计师不但要表达出项目的现有状况，也
须指明项目的优势及不足，这样现状图就能够更好地帮助界定规划需求及制定
详细规划所必需的首要标志。其规模将取决于所需的详细程度，通常会与后续
设计中所使用的相吻合，这就能使项目的现有情形与设计规划方案直接进行比
较。已建成区域的平面投入及内容取决于场地位置和大小，以及该地形是否被
污染，例如土壤污染。

　　尽管现状图中的图例通常会传达一些补充信息，但由于现有地形的现状图
极少包含书面说明，所以图形说明必须清晰明白。现有场地的现状图色彩不甚
丰富，所含细节较少，与随后的设计方案相比，差别较大。

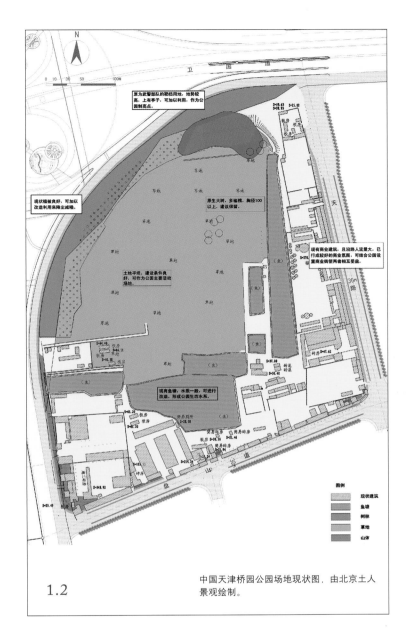

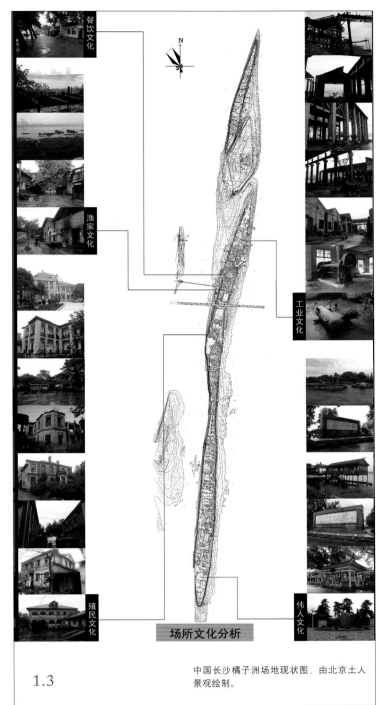

1.2

现状植被良好，可加以改造利用来降尘减噪。

原为武警部队的靶档用地，地势较高，上有亭子，可加以利用，作为公园制高点。

原生大树，多榆槐，胸径100以上，建议保留。

土地平坦，建设条件良好，可作为公园主要活动场地。

现有商业建筑，且沿路人流量大，已行成较好的商业氛围，可结合公园设置商业街使两者相互受益。

现有鱼塘，水质一般，可进行改造，形成公园生态水系。

图例

	现状建筑
	鱼塘
	树林
	草地
	山体

中国天津桥园公园场地现状图，由北京土人景观绘制。

餐饮文化

渔家文化

工业文化

殖民文化

场所文化分析

伟人文化

1.3

中国长沙橘子洲场地现状图，由北京土人景观绘制。

在施兰拉歌和斯特拉尔松场地规划现状图（图1.1）中仅使用了黑白灰三种色彩。该平面图依据一个测量平面图制成，图中含有较多细节。项目区域和周边地区的界限用边界线予以确认，而毗邻区域的显示则起到导向的作用，再加上道路和建筑物就完整了。由于树木在开始调查时就不断地生长壮大，所以在二期施工平面图即右侧剖面图中，树木都被绘制成椭圆形或卵形，同时，精确绘制其位置并按单体树木的真实情况呈现其冠幅。图中指明必要的改变，例如，树木因为其倾斜生长和片面的斜冠的形成变得不稳定，同时注明街道以及公共设施的名称，便于识别方向。该规划提供了设计依据，并在实践中与客户达成一致。

桥园公园平面图（图1.2）为有色区域。在规划前是池塘和湿地，用彩色绘制，在相邻区域用文本予以确认。开放空间周围的建筑物是场地的一部分，故也用彩色绘制。整体而言，色彩运用不多，每种色彩所代表的意义有一个简短的说明。所绘场地由道路围合形成边界：这些灰色的路，并不属于项目区域。

橘子洲现状平面图（图1.3）附有选定建筑物和施工空间的照片，某些地方用线条标明其位置。照片是用来描述项目区域原有样貌的通行方法，这样就能使观众在整个过程中都会注意到地形，同时也降低了对场地的访问次数。照片传达的印象和视角可在随后的平面图中展现并加以分析，更有助于理解，从而成为规划序列中的第一步记录。

一个村庄重建计划（图1.4）显示出了所有开放空间的细节，包括现有植被和建筑，细化到这些建筑物的建筑年代、类型和屋顶模式，同时还表述了植被对于一个城镇景观和园林的重要性，并从城市规划和遗产保护的方面对建筑物进行了评价。计划中包含采用加深的彩色模式表现的村庄区域和街道，同时也含有用采用黑白模式的周边植被和地形，同时添加大量的解释性说明以丰富细节信息。后续设计可以采用与这些图纸相同的方法绘制，包括采用相同的比例尺、相似的着色和类似的细节处理，从而便于将该场地的原始状态与项目进行比较。

这个城市之前的矿业历史对于这个位于Lens的公园的设计来说是十分重要的，如图1.5，它采用卢浮宫博物馆的设计，因此，前坑、开采区和原来铁路的连接地以及地形和土壤条件都被列入考虑的范围之内。该人工景观是按照新设计形成之前的情况进行展现的，以便其能够在以后的设计过程中被予以考虑。

德国巴泽多村庄重建规划现状图，
由施蒂芬·普尔可纳特绘制。

法国仁兹博物馆花园的地形和土地
利用现状图，由凯瑟琳·莫斯巴赫
绘制。

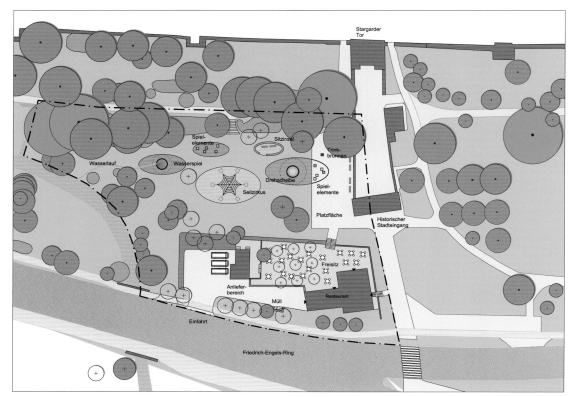

WALLANLAGE NEUBRANDENBURG
PLATZ AM EHEMALIGEN KINO
VARIANTE 2 M 1:500

Variante 2

- Spielbereich: Spielbereiche auf der Wiesenfläche verteilt
- Freisitz: am Restaurant mit Baumhain
- Einfahrt: neu, östlich der alten Einfahrt
- Nebengebäude: Abriß
- Müll: am Anlieferbereich, eingehaust

- Städtebauliche Anbindung: In der Achse des Stargarder
  Tores

Vorteile
☐ Die Wegeführung entspricht der Stadtstruktur und nimmt
   die wichtige Achse des Stargarder Tores auf.
☐ Beiderseits des Lindenbaches entsteht eine offenen
   Wiesenfläche, die mit dem Bereich südlich des Ringes
   korrespondiert.
☐ Anlieferbereich und Freisitz können auf dem privaten
   Grundstück angeordnet werden.
☐ Die Einordnung der Spielbereiche ordnet sich in den
   Grünzug des Walles ein.

Nachteile
☐ Es erfolgt ein Eingriff auf dem privaten Flurstück 232/7.

Nach Abwägung der vier Varianten wird die Variante 2
als Vorzugsvariante empfohlen.

   BEARBEITUNGSGRENZE

Grundlage: Vermessung erhalten am 15.09.2006 von der Stadt Neubrandenburg

INDEX	DATUM	ÄNDERUNG	
STADT NEUBRANDENBURG / BIG STÄDTEBAU M/V			Plannummer: 10432/ 105
WALLANLAGE NEUBRANDENBURG PLATZ AM EHEMALIGEN KINO			Dat.: 02.04.2007
VORENTWURF VARIANTE 2 - VORZUGSVARIANTE -			M 1:500 Gez. BM Planverfasser:

STEFAN PULKENAT   LANDSCHAFTSARCHITEKT,   DIPL. ING. BDLA
Fritz-Reuter-Str.32   17139 Gielow   Telefon (03 99 57)   25 10 Fax (03 99 57)   2 51 25
G:\Projekte_Objekt\NEUBRAND\kinoplatz\0-Plaene\2-Vorentwurf\070402Vorentwurf.mcd

Die Spielgeräte sind ein Vorschlag des Büros Pulkenat für die Vorplanung
und müssen in der Entwurfsplanung abgestimmt werden.

1.6

德国新布兰登堡防御区的初步设计图，由施蒂
芬·普尔可纳特绘制。

初步设计和设计方案

初步设计是设计过程的一部分，主要用于提供设计理念，提供审查及按指
定要求进行评价的可选方案。初步设计一般简单明了，确保从多种变幻模式的
备选方案中快速甄选出最佳方案，并最终采用该方案对项目区域进行开发。初
步设计图往往用平面图表示，变化区域用彩色表示，描述和评价往往采用文字
形式追加到说明中。

图1.6是从多个规划方案中选取出来的，该方案被特别标注为最可取的规划
方案，它展现了设计师们的设计思想和设计能力，将对于初步设计的说明附在
图纸中，列明本解决方案的优势所在，并明确指出了其中的一个不足，即这个
方案会牵涉到一块私人领地。与其他竣工图和设计图所不同的是，本图的整个
区域被全部上色，并且用线条标注项目区域，而在通常情况下，只有项目区域

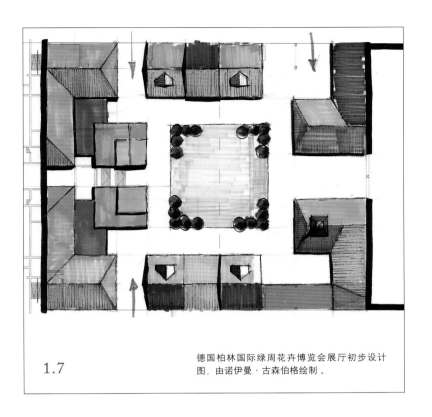

1.7　　德国柏林国际绿周花卉博览会展厅初步设计图，由诺伊曼·古森伯格绘制。

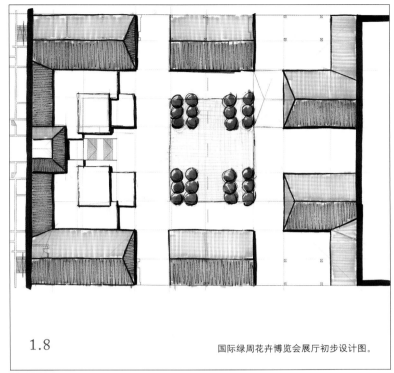

1.8　　国际绿周花卉博览会展厅初步设计图。

被着色，周边区域则用黑白图纸表示出来。

图1.7、图1.8为柏林国际绿周花卉博览会展厅的备选设计方案，传统上，这里的花展都是以某一格言为主题。这两张手绘图起初是为同一个主题勾勒出一个类似的框架，然后对覆盖空间提出不同的设计方案。

在下一个工作流程中将初步设计中审议及所展示出的最佳方案作为实施的依据。该方案通常是综合了用户需求、城市发展现状、城市开发风格、技术条件和经济状况、该区域的生态发展情况等方面的因素，从而达到最佳的融合效果。剖面图、剖立面或其他图示方法作为平面图的辅助表达，用来呈现该设计的第三维空间。

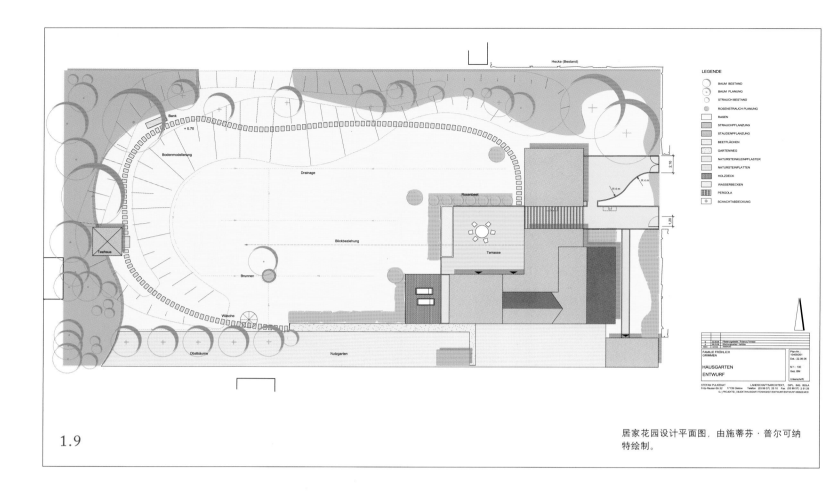

LEGENDE

○ BAUM BESTAND
○ BAUM PLANUNG
○ STRAUCH BESTAND
● ROSENSTRAUCH PLANUNG
□ RASEN
▨ STRAUCHPFLANZUNG
▨ STAUDENPFLANZUNG
▨ BEETFLÄCHEN
□ GARTENWEG
▨ NATURSTEINKLEINPFLASTER
▨ NATURSTEINPLATTEN
▨ HOLZDECK
▨ WASSERBECKEN
▨ PERGOLA
⊕ SCHACHTABDECKUNG

1.9

居家花园设计平面图，由施蒂芬·普尔可纳特绘制。

各种类型、各种用途的开放空间的规划多样性极强。下文中引用了古典花园和公园设计的案例，列举了从私人花园、墓地设计到公共园林以及公园等一系列案例。第一个案例通过平面图得以充分展现，而随后的都结合平面图和剖面图来加以表现。

居家花园设计平面图（图1.9）用彩色表示，并采用古典图例，依据其传统蕴意选择色彩，相互之间可清晰辨别，浅显易懂，周围地区几乎被完全忽略。建筑物和树木作为三维空间的构筑元素，通过高度被表现出来，并且在图例边缘画上阴影，这样就可在平面表现图中表现出三维效果。在图例边缘画阴影不是为了看起来自然，而是在建筑周围保留较暗的灰色阴影，在树木周围保留较暗的绿色阴影，在现实中，阴影区表面可能看起来会更暗些。为了使图形展示得更加生动，阴影应与其主体元素相连接，大小与平面图示相符，但不同于真实的阴影，真实的阴影会不断地改变大小和位置。这种阴影表达方法的主要目的在于能使空间的规划布局更加清晰易懂。

这个花园的设计结构清晰，并能使补充的东西被列入图纸中。现有的应予以保留的植被，以及新添加的部分都在图中被明确标注出来。此外，诸如半径、排水配置和道路宽度的技术细节都包括在内，通常情况下，这些都应出现在后续的施工图中。

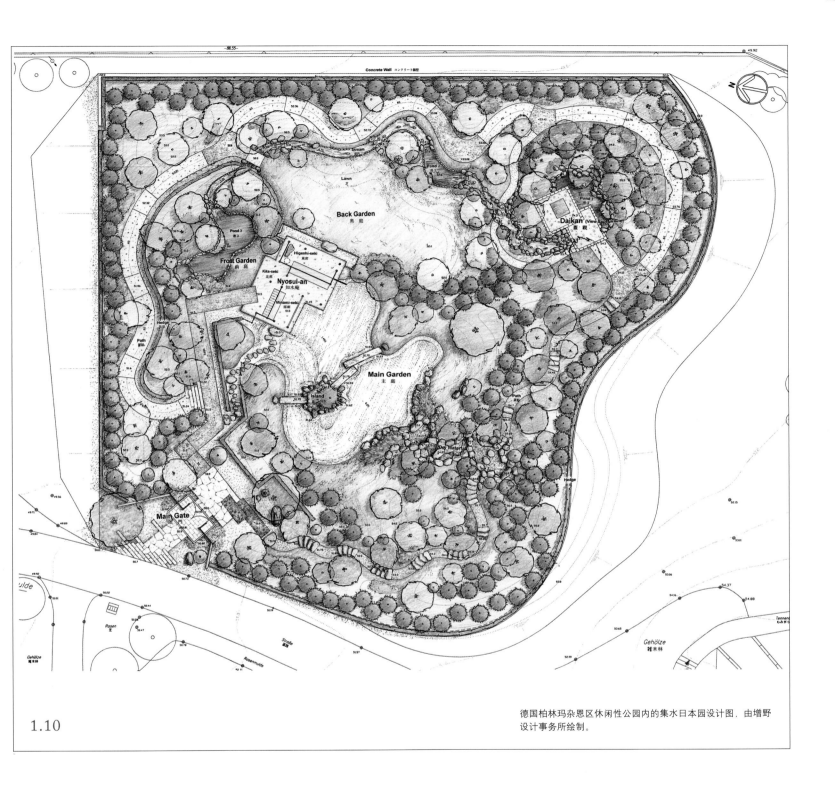

1.10

德国柏林玛杂恩区休闲性公园内的集水日本园设计图，由增野设计事务所绘制。

　　封闭式的日本庭园的手绘图（图1.10）将植被作为一种重要的元素并用不同的色影表示出来。该规划确定了日式园林的关键区域：前庭、后庭、中庭花园，并包含诸如等高线的主要技术资料。设计图中利用植物投摄的光影重点强调了花园植物，其他重要区域，如干涸的瀑布、流动的瀑布和干枯的花园，也被标出，此外还重点勾画了单体岩石和道路表面的构成。这个清晰的规划包含了对未来的花园空间的全部设想。

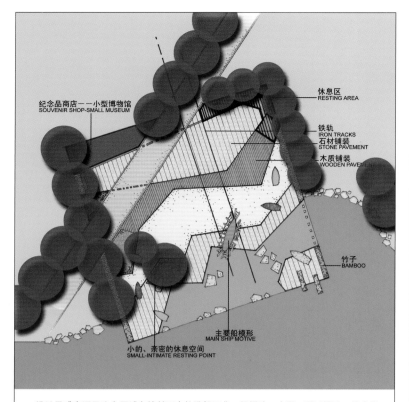

休息区
RESTING AREA

纪念品商店——小型博物馆
SOUVENIR SHOP-SMALL MUSEUM

铁轨
IRON TRACKS
石材铺装
STONE PAVEMENT
木质铺装
WOODEN PAVEMENT

竹子
BAMBOO

主要船模形
MAIN SHIP MOTIVE

小的、亲密的休息空间
SMALL-INTIMATE RESTING POINT

设计灵感来源于这个区域有较长历史的造船工业。根据这一主题，通过设计，让人们体验船舶工业的文化并了解工作在那里的人的情况。主要设计元素是船，在这里船提供了各种各样的功能，诸如：休息场所、标志物和儿童游戏场所等。整个广场表达了造船工厂已演绎为适应现代人们需要的城市空间这一设计思想。

1.11
中国上海绿龙公园细部设计，由北京土人景观绘制。

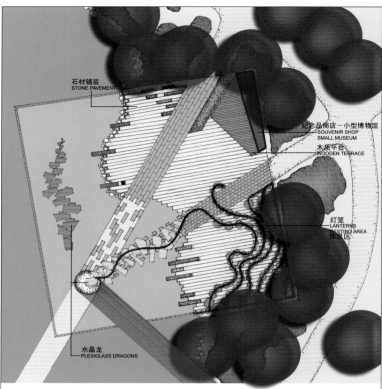

石材铺装
STONE PAVEMENT

纪念品商店——小型博物馆
SOUVENIR SHOP SMALL MUSEUM
木质平台
WOODEN TERRACE

灯笼
LANTERNS
休憩区
RESTING AREA

水晶龙
PLEXIGLASS DRAGONS

民俗文化主题园应代表当地的习俗和信仰，设计元素应强烈表达这一主题思想。这个广场设计定位为人民广场，为所有使用者和人们聚会使用，表达了宝山区传统的彩灯和龙船文化民俗。主要设计思想是以二龙戏珠和彩灯展示为主，这些都是宝山区最公认的传统文化组成部分。在这里飞舞的水晶龙晶莹剔透；红灯笼好似摇曳的大风铃，吸引大人小孩驻足休憩，人们沉浸在一片欢乐祥和之中。

1.12
中国上海绿龙公园细部设计图。

该设计图（图1.11、图1.12）为上海绿龙公园核心地区的创意设计，非常详细并附有简短的文字说明。相似的图示、配色和相同的布局强调了它们的连贯性，这个项目的目的是为了恢复当地居民和周围特色水景原有的联系。广场上所有的元素，如用阴影的形式表现的帆与配有供人休憩的座位的弯曲喷泉，都致力于凸显背景的存在，特色水景也象征着蜿蜒流经上海的河流，传统的中华文化因为双龙戏珠的设计和传统灯笼的使用而呈现出来。

翻新达尔贡旧墓地的规划（图1.13）包含对现有设计的改变，如砍伐树木及对坟墓、道路和其他设施的新的安排：在继承传统的同时采取必要的措施以实现现代化的设计理念。除了设计理念，该计划还包括技术执行的说明。

在荷兰阿姆斯特丹的西天然气厂的设计（图1.14）中，主要开放空间的垂直调节都使用色块而被展现出来。不同区域相互之间的分隔主要通过颜色差异来体现，由绘画而不是黑色轮廓线分隔开来。除了绿地和水空间，原先是工业用地的文化园区仍保留工业古迹。这些被纳入整体概念之中，并且它们与绿地和

1.13

德国达尔贡旧墓地改造设计平面
图，由施蒂芬·普尔可纳特绘制。

1.14

荷兰阿姆斯特丹西天然气厂设计平面
图，由古搭夫逊·波特绘制。

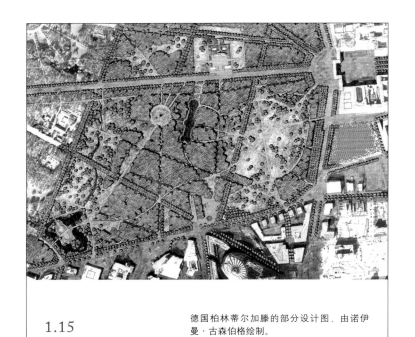

1.15　　　　　　　德国柏林蒂尔加滕的部分设计图，由诺伊曼·古森伯格绘制。

1.16　　　　　　　细部设计图。这些吸引人的色块使自然景观变得活泼并给人以独特的视觉感受。

1.17

柏林的一个市中心住宅区和商业建筑内的花园设计方案。特色的手绘赋予图纸个性化的色彩，植被阴影表示植物的生长形态，由路兹·磨滕斯绘制。

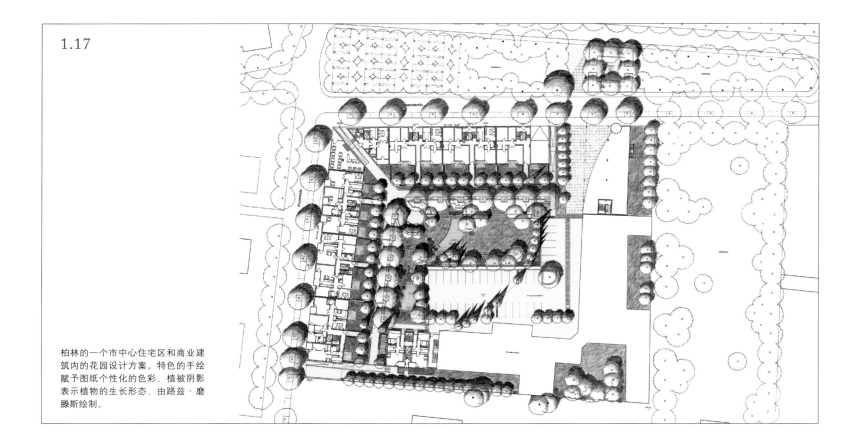

1.18   中国天津桥园公园平面图。这个城市公园设计的
色彩醒目且可读性高，由北京土人景观绘制。

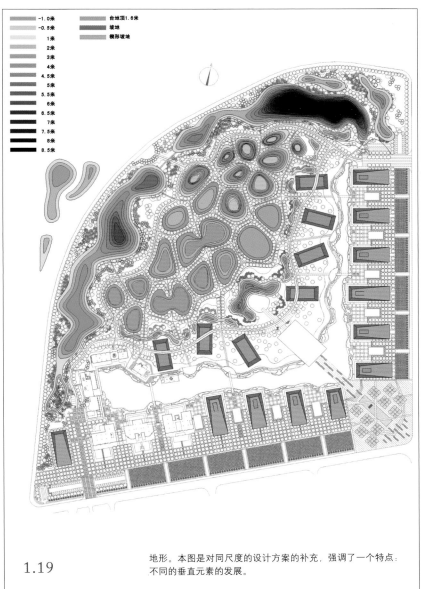

1.19   地形。本图是对同尺度的设计方案的补充，强调了一个特点：
不同的垂直元素的发展。

水资源空间的联系也被展现出来。

　　大多数的设计方案都是彩色的，这种表现方式比黑白图纸更能有效地传达信息。颜色的选择要基于设计对象的固有色彩，但往往比现实中的更加强烈。图纸的目的是唤起重要的、积极的联想：设计方案展现的场地平面设计看起来很完美，让人轻松愉快，所有的问题在设计中都得到了解决。由于自然会显示大片的绿色色调——公认的让人宁静的颜色，大多数文化都认为其会带给人积极正面的联想，例如绿色象征着希望，所以一些绿色阴影通常会出现在方案设计中。亮度值的梯度变化可以带来地形变化的感觉，这是平面图纸所不能表达的。

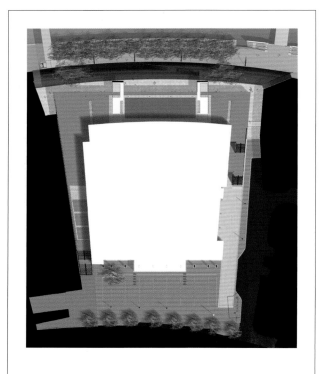

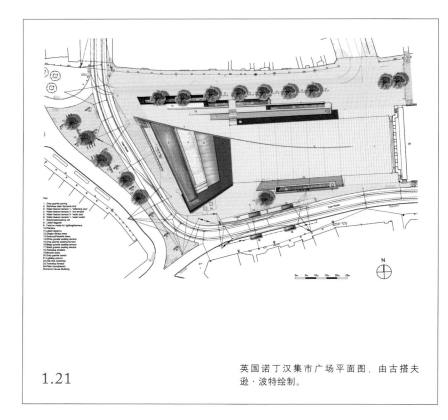

1.20 英国伦敦皇家节日音乐厅环境设计图，由哥罗斯·迈克斯绘制。图中央的白色部分留出了一个大小适度的开放空间，可以有多种用途。清楚明显的结构和细部设计，突出了音乐厅的声望。

1.21 英国诺丁汉集市广场平面图，由古搭夫逊·波特绘制。

1.22

哥伦比亚恰村公园平面图，由格鲁普佛德公司绘制。

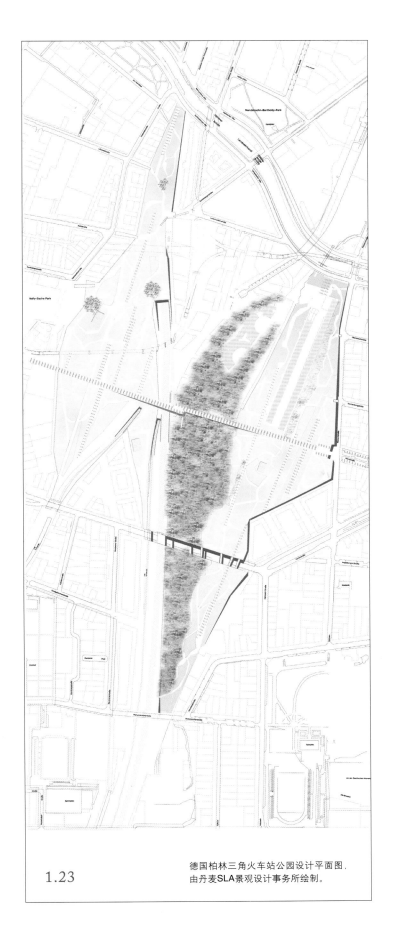

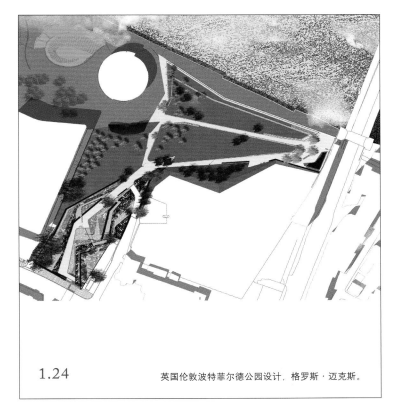

1.24　　　　英国伦敦波特菲尔德公园设计，格罗斯·迈克斯。

1.23　　　　德国柏林三角火车站公园设计平面图，由丹麦SLA景观设计事务所绘制。

1.25　　　　新加坡湾花园设计图，由古搭夫逊·波特绘制。

1.26 　　　　　　　　　　　　　　　　　　　　德国巴特维尔东根地区园艺展剖面图，由普兰康特绘制。

1.27 　　巴特维尔东根地区园艺展柯尼西库乐区的平面图和剖面图。

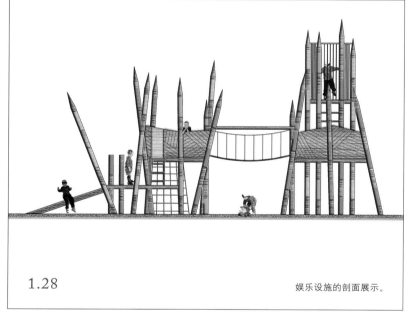

1.28 　　　　　　　　　　　娱乐设施的剖面展示。

剖面图和立面图

　　剖面图作为设计图是总平面图的补充，提供了关于地形高度的信息，并说明了如何使用建筑物和植被来营造空间。某些情况下，剖立面和平面图(图1.27)被置于同一幅图纸中，而剖面图(图1.26和图1.29)通常被置于补充图框中。如图所示，剖立面应选择较大且更为详细的比例尺，从而表达出地形高度以及建筑物和树木高度之间的关联。在所采用的图纸中，植被的表现和着色与现实非常接近，所以它们相互之间的关系就一目了然、非常清晰。这个游乐场是以其立

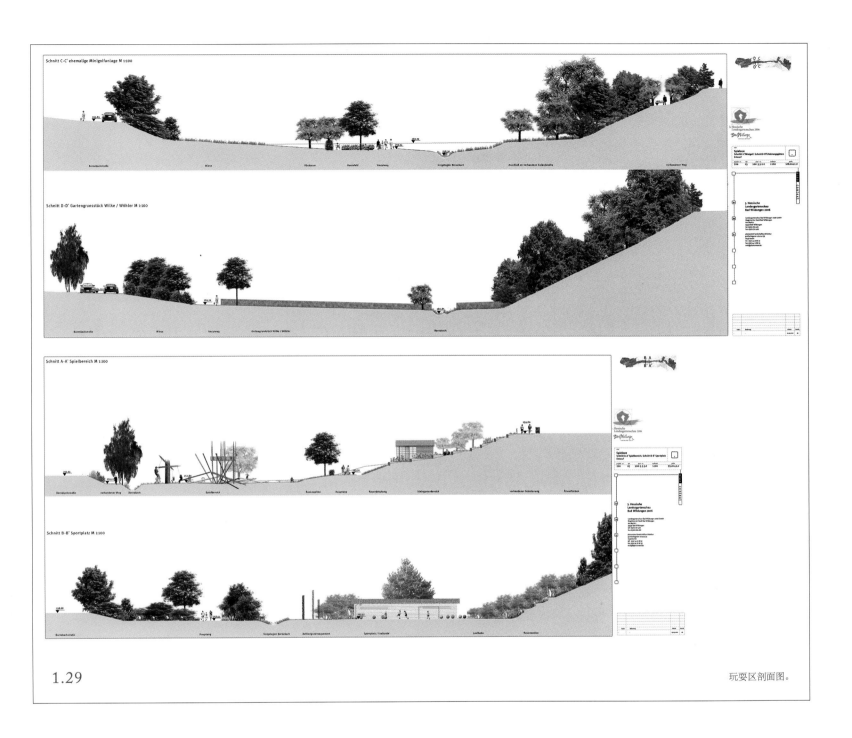

1.29

玩耍区剖面图。

面图(图1.28)的形式被呈现出来的，规模较大，没有相关的背景介绍。

弄清楚尺寸与比例对于准确地理解设计图纸极为重要。这里，与大多数剖立面一样，不但植被需要类似的大小比较，而且重要的是，类似的人物之间也要进行大小比照。如图所示，儿童和成年人所对应的活动指明了开放空间和游乐设施的规划用途。

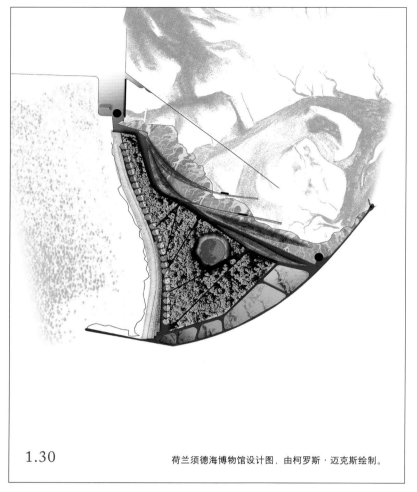

1.30   荷兰须德海博物馆设计图，由柯罗斯·迈克斯绘制。

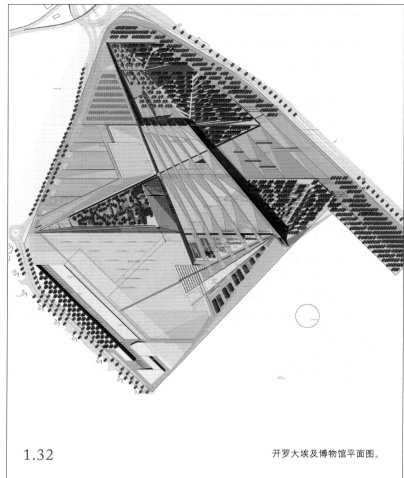

1.32   开罗大埃及博物馆平面图。

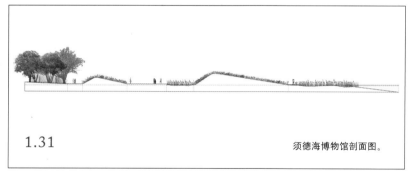

1.31   须德海博物馆剖面图。

1.33   大埃及博物馆剖面图。

      须德海博物馆（图1.30、图1.31）和大埃及博物馆（图1.32、图1.33）的平面图都是通过使用剖立面辅助表达的。这两个案例仅通过其图示表达设计意图，未附任何的文字说明、图例或技术细节。这也可用于剖立面：不在平面图上标明，因此，只有通过比照图片才能得到图纸所依据的剖断线。图纸的目的主要是为了表示高度，同时使用人物、小乔木或棕榈类植物作为参照以达到目标。须德海博物馆完全显示出了沙丘形成和高度变化的关键，而大埃及博物馆则指出了以黑框来表示的建筑的尺寸，并在内部指出了植被的大小。

1.34

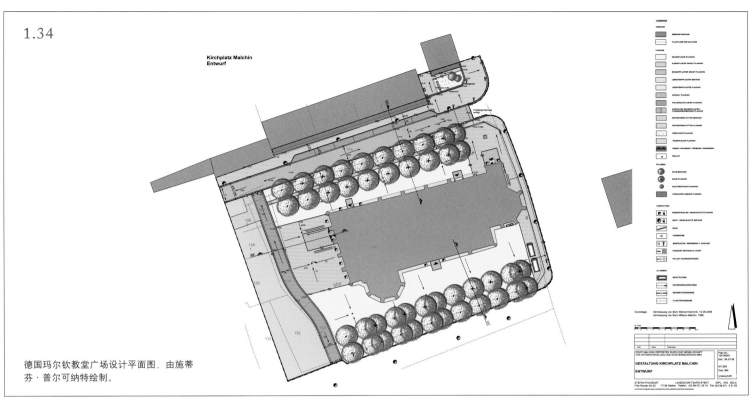

德国玛尔钦教堂广场设计平面图，由施蒂芬·普尔可纳特绘制。

1.35

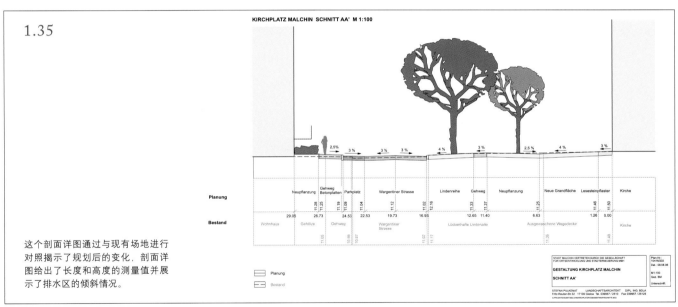

这个剖面详图通过与现有场地进行对照揭示了规划后的变化，剖面详图给出了长度和高度的测量值并展示了排水区的倾斜情况。

在大多数城市中，重要的广场往往是市场、市政广场及和教堂相关的广场，这些广场可作为集市、中央广场，也可作为贸易、社交、食品供给和庆祝活动地。由于居民对于这些城市中心区域的开放空间的严重依赖，在这些区域内的任何创意的介入都可以引起居民的极大兴趣，因此广场的设计及其展示极为重要，而且市民和市政相关部门会经常对它们进行讨论，任何预期会对用途产生相当大的影响的变动，都可能影响到这些地方是否接受或拒绝某一设计方案。鉴于此原因，规划设计以及针对规划设计的建议收集方式也应服务于鼓励公众参与这一目的。

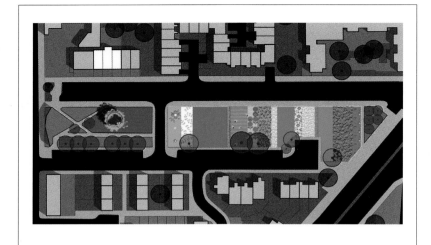

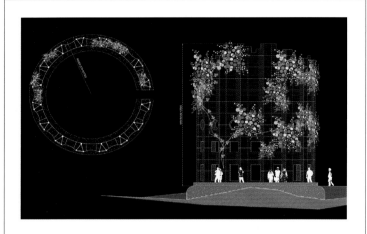

平面图和剖面图。
图中给出了半径和最大高程，可依据这些数字确定其他规格。圆形大楼给人一种明亮精致的感觉，尤其是黑色背景将前景衬托得光彩熠熠。

1.36 英国利物浦圆形大楼和社区花园设计图，由格罗斯·迈克斯绘制。

1.37

1.38

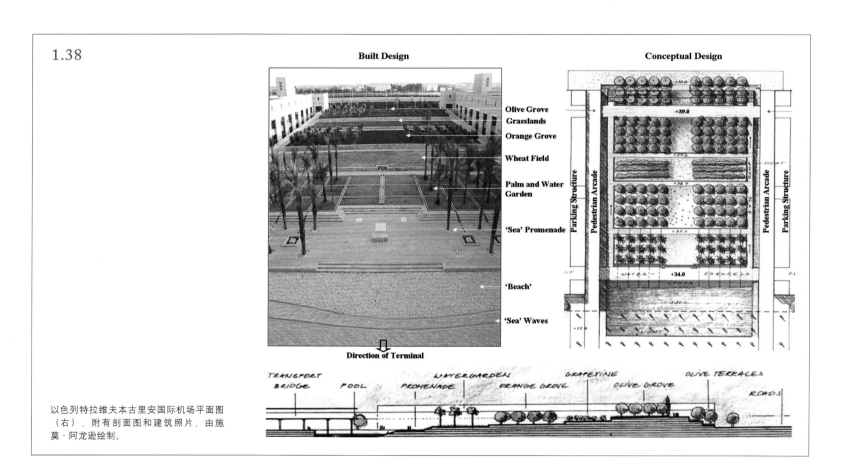

以色列特拉维夫本古里安国际机场平面图（右），附有剖面图和建筑照片，由施莫·阿龙逊绘制。

1.39　阿拉伯联合酋长国阿布扎比哈利法市街道和植物设计剖面图，由诺伊曼·古森伯格绘制。在炎热的气候条件下，开放空间的遮蔽对一个新兴的城市极为重要。

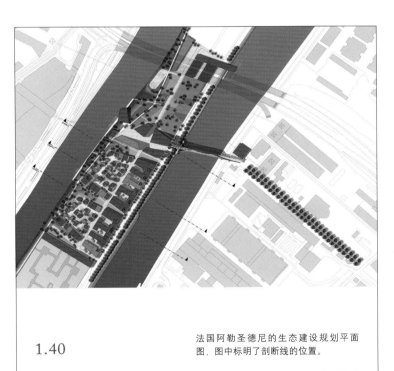

1.40　法国阿勒圣德尼的生态建设规划平面图，图中标明了剖断线的位置。

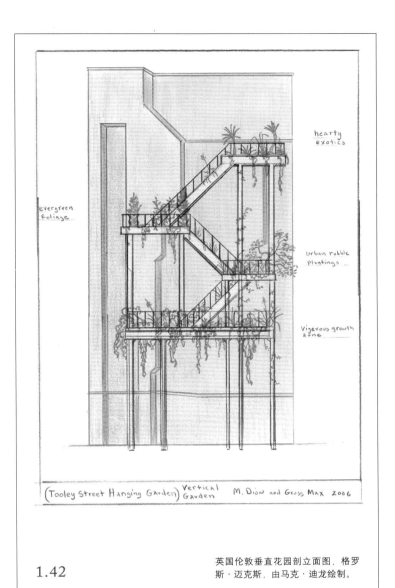

1.42　英国伦敦垂直花园剖立面图，格罗斯·迈克斯，由马克·迪龙绘制。

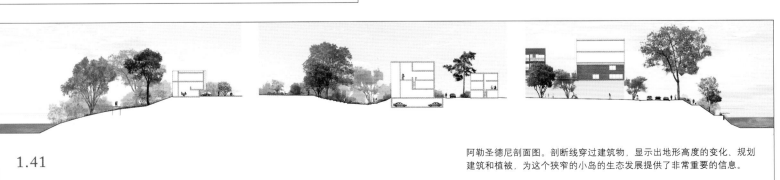

1.41　阿勒圣德尼剖面图。剖断线穿过建筑物，显示出地形高度的变化、规划建筑和植被，为这个狭窄的小岛的生态发展提供了非常重要的信息。

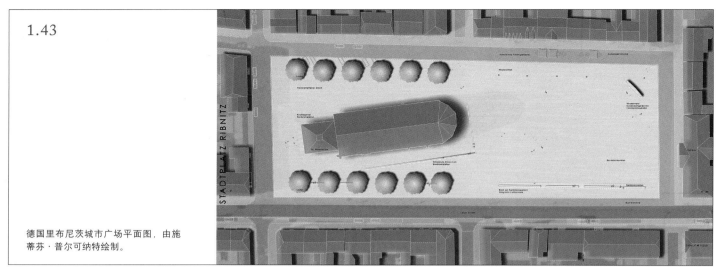

1.43

德国里布尼茨城市广场平面图，由施蒂芬·普尔可纳特绘制。

1.44

剖立面图

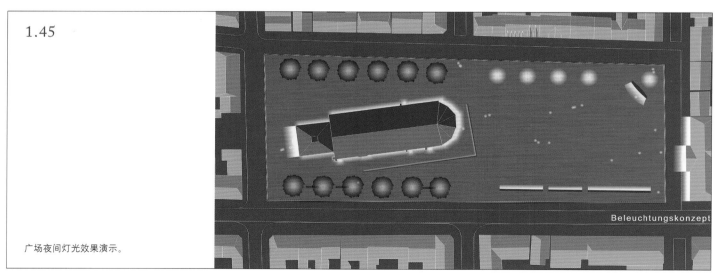

1.45

广场夜间灯光效果演示。

照明可以延长开放空间的使用时间，同时照明对于都市开放空间中的安全保卫和方向引导又是必不可少的。设计师总是依据白昼的情形进行开放空间的照明设计，同时又应该使开放空间在晚间展现出不同的景象，其重点任务是在晚间创造出一个特别的氛围，这也是一个挑战。

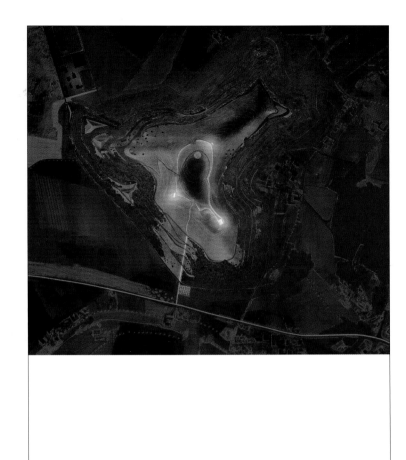

1.46 　德国默尔斯矿区设计平面图。由威斯及其合伙人绘制。
位于德国北部的矿渣堆是鲁尔地区面积最大的。大约8000万
吨的矿渣覆盖了约91公顷的土地，约有80米高。它的中心
形成一个像火山口的平原。这个设计使矿渣堆变成"沉默的
山"；小部分有计划的干预使得矿渣堆成为一个艺术的里程碑
和莱茵地区的身份标识。

1.48 　灯光概念。

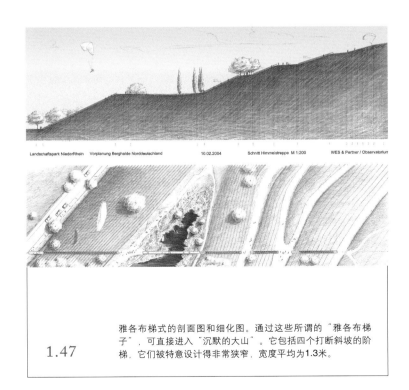

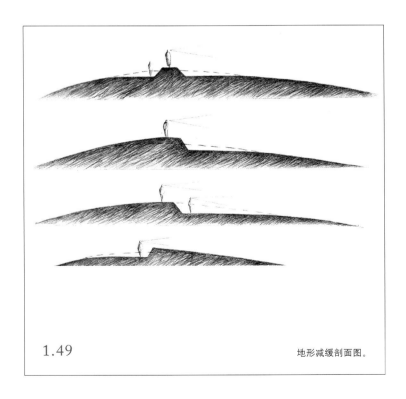

1.47 　雅各布梯式的剖面图和细化图。通过这些所谓的"雅各布梯
子"，可直接进入"沉默的大山"。它包括四个打断斜坡的阶
梯，它们被特意设计得非常狭窄，宽度平均为1.3米。

1.49 　地形减缓剖面图。

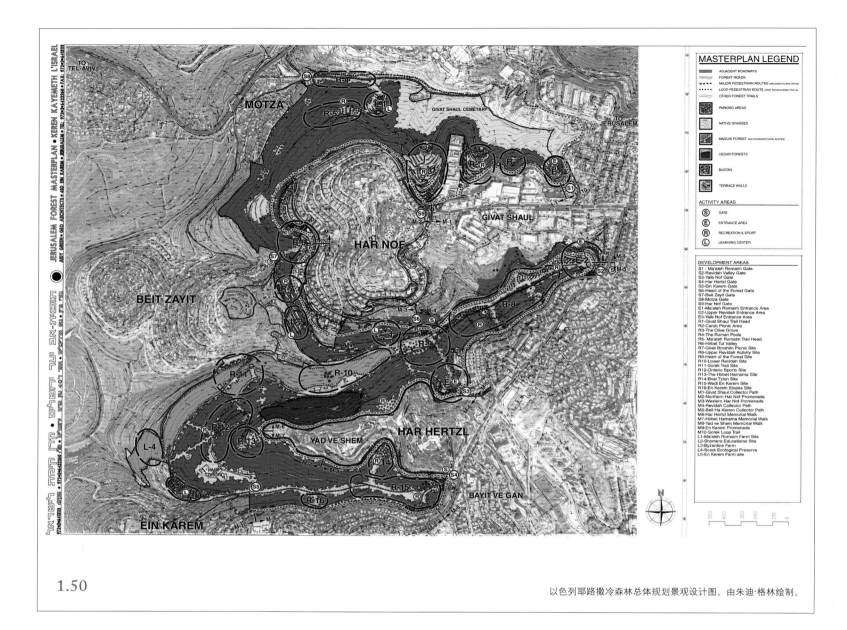

1.50

以色列耶路撒冷森林总体规划景观设计图。由朱迪·格林绘制。

景观规划

　　景观规划涉及的区域较大，显示的比例尺较小，与城市空间的规划不同，景观规划涉及的细节较少。因所涉及的区域规模较大、内容较多，所以区域性的景观规划和土地利用规划的尺度通常是非常大的，这种简化的形式通常会导致一些细节的缺失。

　　图1.50是位于耶路撒冷的某规划项目的航拍照片，用彩色标注规划目标，用字母与数字进行区别。航拍照片作为项目依据：由于拍摄距离的原因，图片实际上是三维的，但看起来是二维的，因此在二维图中可以明确划定开发区域。航拍照片的叠加可以帮助确认方向和区域的规模。然而，对该地区植被的布局排列和布置通过命名和图例的指定变得清晰；单单依靠这种表现方式不能有效地传达设计意图。图例、字母和数字揭示了色彩和结构。

1.51

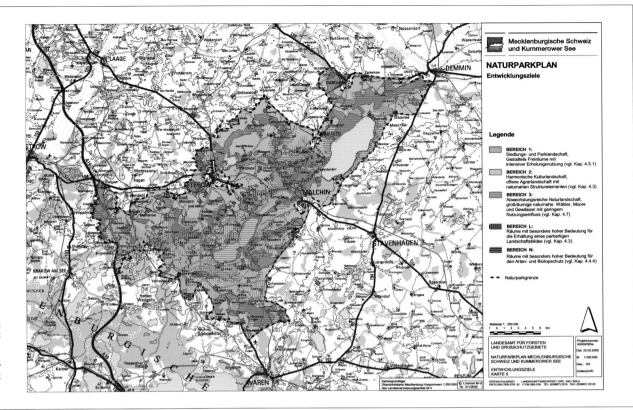

德国梅克伦堡州库默罗湖自然公园发展规划图，比例1:200,000，由施蒂芬·普尔可纳特绘制。

这是多个规划中的一个，该项规划以地图为基础。用彩色标出的图例说明了设计目的。

1.52

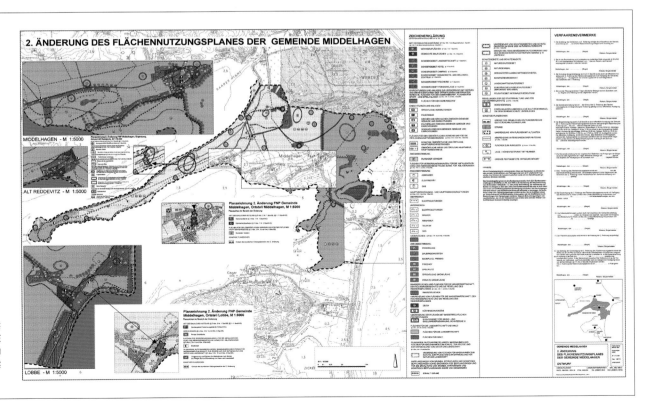

德国米德尔哈根社区用地变更方案图，由施蒂芬·普尔可纳特绘制。该方案包括若干图纸和城镇个别部分的变更说明。大量的图例阐明了此方案的设计思想。

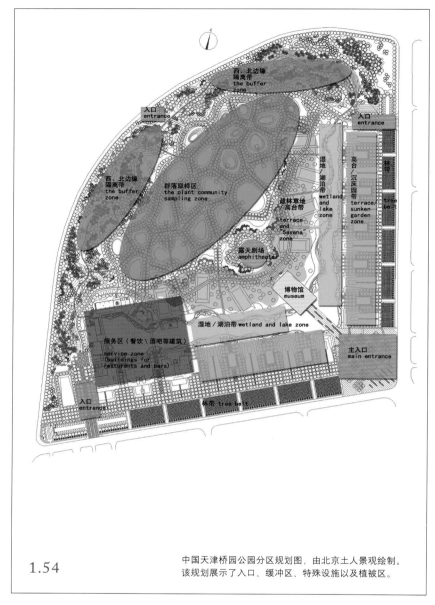

1.53 沙特阿拉伯吉达公园绿色连接通道，由古搭夫逊·波特绘制。
通道长12.5公里，并被作为一个与城市连接的元素。由一条红线和三条绿线表示出了通道的位置：这三条绿线贯穿了整个城市并由山脚延伸至海边。

1.54 中国天津桥园公园分区规划图，由北京土人景观绘制。该规划展示了入口、缓冲区、特殊设施以及植被区。

解释性结构图

解释性的细节表述便于读者理解图纸。例如，规划的内容项目可以单独选择，并在强调与设计相关的结构的设计图中呈现出来，或指明事件顺序以更深入地阐明平面图。离开了设计图的说明图并不能传达出太多的信息，但他们有自己的审美观和解释功能，使其成为设计过程中的重要组成部分。

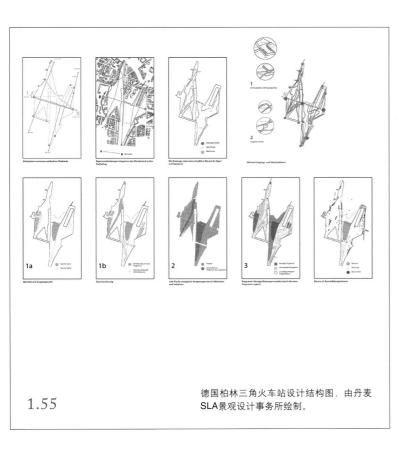

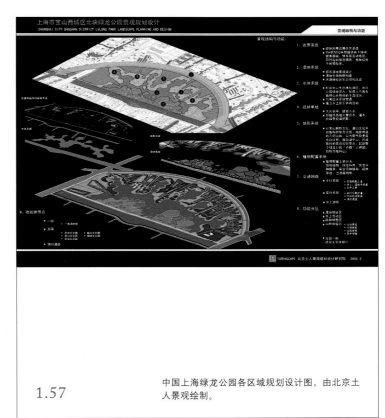

1.55 德国柏林三角火车站设计结构图，由丹麦
SLA景观设计事务所绘制。

1.57 中国上海绿龙公园各区域规划设计图。由北京土
人景观绘制。

strate végétale
A   promenades lisières
A1   chemin creux
A2   front des colonisateurs
A3   haut du remblai

B   parc pionnier

C   jardins du Louvre
a   seuil parvis
b   terrasse des robiniers
c   terrasse du midi
d   carré des arts vivants
e   terrasse des arts
lais des milieux

dynamique culturelle
I   bâtiment-clairière
II   prairie estrade
III   grande esplanade
IV   pré
V   plateforme est
VI   grande percée
VII   bande active
VIII, IX, X signal

lais évènementielles

socle minier
1   puit 9
2   haut du remblai
3   terrasse Devocelle
4   grève des terrils
5   front des colonisateurs
6   grand cavalier haut
7   chemin creux

lais témoins

1.56 法国仁兹博物馆花园植被区、文化以及采矿区用地设计图。由凯瑟琳·莫斯巴赫绘制。

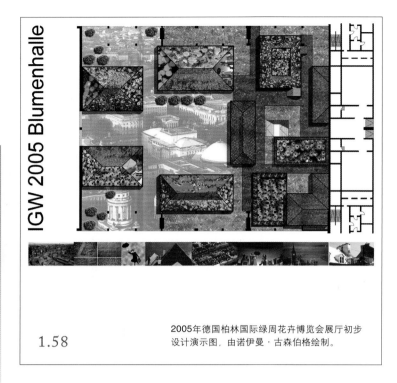

IGW 2005 Blumenhalle

1.58   2005年德国柏林国际绿周花卉博览会展厅初步
设计演示图，由诺伊曼·古森伯格绘制。

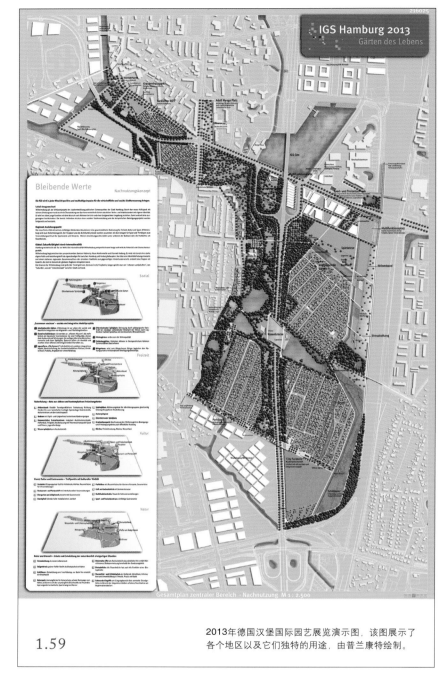

1.59   2013年德国汉堡国际园艺展览演示图，该图展示了
各个地区以及它们独特的用途，由普兰康特绘制。

演示图

    二维的设计可作为演示图。尤其是在竞赛中，辅之以某些深化图的平面
图，就能实现某些演示功能。在需要强调设计理念或根据项目的整体情况及背
景需要辅之以深化的内容来阐明设计理念时，演示图纸往往能实现目标，并能
给人们留下深刻的印象。它们还有助于与观众建立一定的联系，因为这些演示
图经常被外行人、政治人物和市民所讨论。

1.60

游乐场设计方案，用平面图附加图片的方式说明
各个区的用途，由普兰康特绘制。

1.61

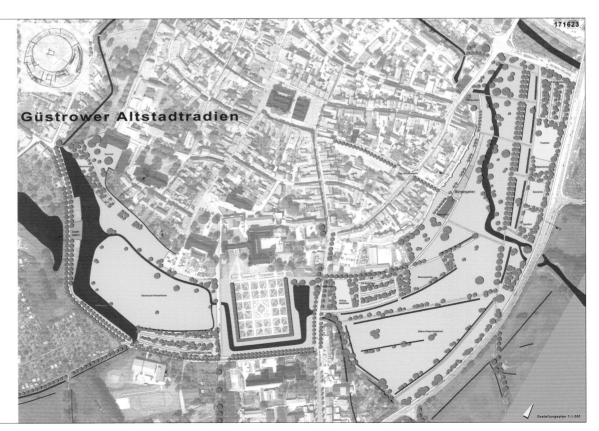

德国古斯特罗老城边缘造绿连接项目演示图，由
施蒂芬·普尔可纳特绘制。该图所附的标题准
确地描述了这一规划绿地的情形。以航拍图为背
景，明确显示出了规划区域外的城市地区，有助
于明确方向，规划区域用彩色显示，整个演示图
结构清晰，图中强化了从绿色开放空间至毗邻城
市空间之间的过渡。

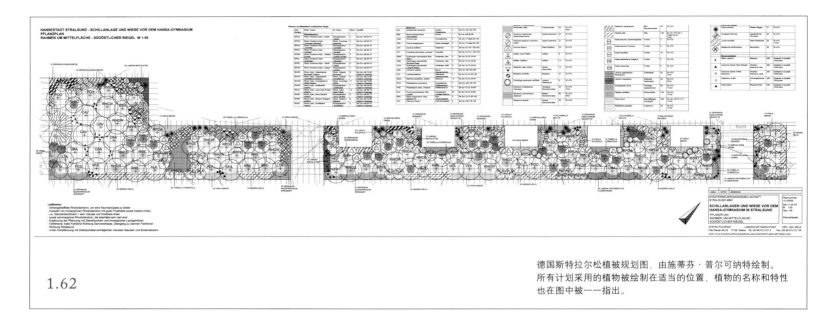

1.62

德国斯特拉尔松植被规划图，由施蒂芬·普尔可纳特绘制。所有计划采用的植物被绘制在适当的位置，植物的名称和特性也在图中被一一指出。

1.63

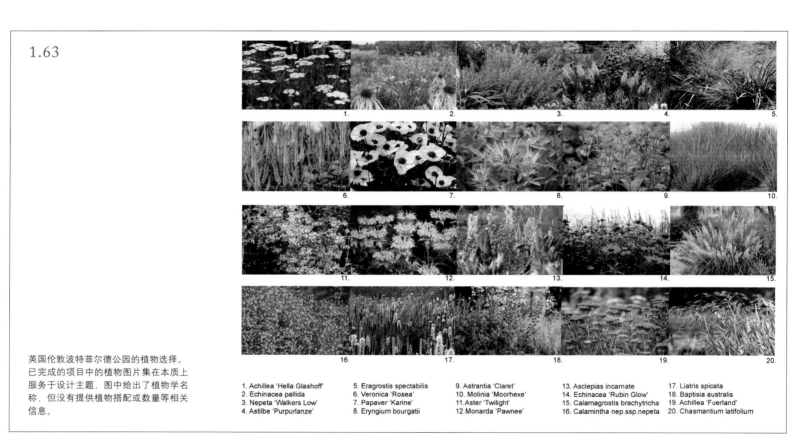

英国伦敦波特菲尔德公园的植物选择。已完成的项目中的植物图片集在本质上服务于设计主题，图中给出了植物学名称，但没有提供植物搭配或数量等相关信息。

1. Achillea 'Hella Glashoff'
2. Echinacea pallida
3. Nepeta 'Walkers Low'
4. Astilbe 'Purpurlanze'
5. Eragrostis spectabilis
6. Veronica 'Rosea'
7. Papaver 'Karine'
8. Eryngium bourgatii
9. Astrantia 'Claret'
10. Molinia 'Moorhexe'
11. Aster 'Twilight'
12. Monarda 'Pawnee'
13. Asclepias incarnate
14. Echinacea 'Rubin Glow'
15. Calamagrostis brachytricha
16. Calamintha nep.ssp.nepeta
17. Liatris spicata
18. Baptisia australis
19. Achillea 'Fuerland'
20. Chasmantium latifolium

工作图

　　方案的实施中需要使用相关材料来阐明在实际设计中如何表达设计思想，这些视觉化材料就是所谓的工作图，它会展现想实现某个目标所需要的全部信息。工作图一般包括尺寸、材料及植物种植计划等信息。工作图通常采取二维图纸的形式，本文也列举了一些技术细节类的案例，这是因为在设计过程中通常会产生很多同类的大样图。

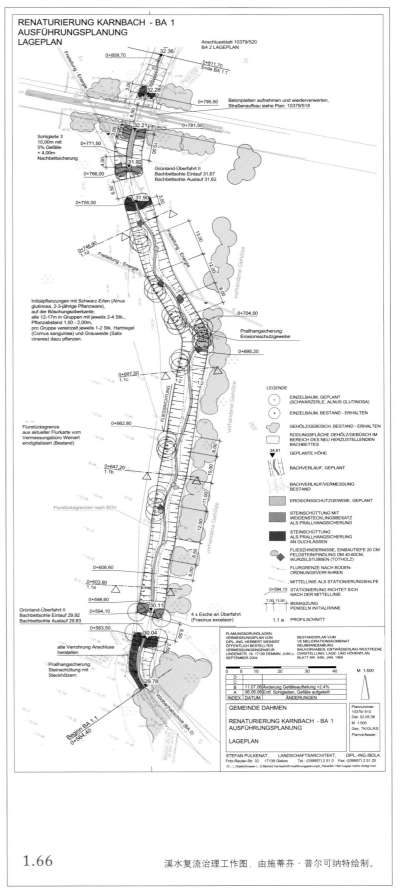

1.64 　在铁路货车上栽植树木以在铁轨上形成"大篷车森林"项目视觉效果图，由阿比吉尔·费尔德曼绘制。

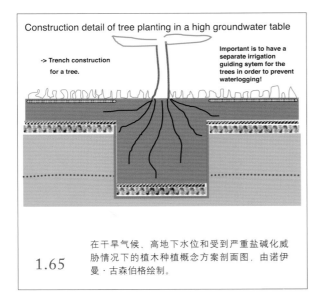

1.65 　在干旱气候、高地下水位和受到严重盐碱化威胁情况下的植木种植概念方案剖面图，由诺伊曼·古森伯格绘制。

1.66 　溪水复流治理工作图，由施蒂芬·普尔可纳特绘制。

功能
空间

生活空间演示

　　风景园林不是只面对地球表面这个二维空间，而且还对人类生活空间的生态环境等三维空间进行研究和规划。其中的一个专业术语——"开放空间"经常和"开放场地"同时使用，或有时和"开放场地"同义，在传统意义上可被理解为没有建筑物的露天可用空间。这就意味着景观设计需要面对人们的空间感知，尤其是未来用户对空间的感知，这是一个重要的设计准则。人类通常是通过室外和室内空间来感知环境的。毫无疑问，开放空间并不像室内的房间那样有明确的范围和清晰的界限，它的范围更大，而且界限不明确，天空往往就是室外空间向上的界限，看得见却摸不着。在横向上，经常通过建筑物、其他构筑物或植被等划分开放空间的界限，而这些边界模式将影响整个空间的吸引力和有效性，开放空间的这种吸引力和可用性与其规模、次级空间和内容一样是能够被人们感受到的，如何划分和界定这些可以让人感知的空间单元是开放空间设计的一个重要元素。

　　作为平面图和其他二维图纸的辅助表达，本文中所讨论的可视化表达可通过图示空间深度实现三维效果。除了能表现整体的空间效果以外，三维图示可展现出个别预期的建筑效果场景，且与摄影资料是相一致的。虽然开放空间处于更大的空间背景中的情形很重要，但其背景通常只采用二维表现，而不是采用三维。

　　开放空间可通过视觉、听觉、嗅觉等感官来体验，在某些情况下，与对开放空间的感知和触觉也有关系。照片只能够传达视觉上的效果，而设计目标可能需要在图片上传达出宜人的声音和气味，从而传达出预期的令人信服的情感氛围。视觉感知的过程包括接受刺激，获取相关信息以及与记忆对照对其进行阐释等，这一过程和其他感官体验在这一过程中所起的作用因人而异，个人的经历、期望和需求不同，结果会大不一样。通常情况下，项目生成的图片都应与公众能接受的社会主流或当前的时尚相一致，通常可以参考其他相关学科的产品设计或建筑设计图片等，以激发观众心中所期望的正面回应。尽管平面图、书籍和银幕都是二维平面，但是它们都力图寻求一种三维的表现方法，目的是尽可能地接近人们的日常感知，从而使原创设计理念更具吸引力。可视化技术所传达的设计场所让人感觉特别真实。另一方面它也会使规划的实施更容易，用专门的数字化制图来实现的可视化技术完全能够用来表达设计理念，目前许多情况还需要一些必要的技术处理，例如将预期活动中的人物图片以及植物和动物图片整合在一起形成新的设计图片以表达出一种新的、理想的开放空间。原则上，一年级的大学生应该可以完成这个任务，但是实际中，通常比较完美的图形展示都是由技术娴熟的图形设计专家完成的。但是，作为设计思想的原创者和开放空间的规划专家，风景园林设计师能够限定和控制现实与设计创意图片之间的关系。

可视化技术可以采取相反的方法和目的使规划方案看起来不清晰、不合理甚至是超现实的，但是这种方法需要耗费很多时间和精力。对于这种方法而言，有着广泛的技术手段和审美选择可供使用，可以通过选择不同的视角，或者选择模糊的意向图，或者跳出常规的思想，以寻求一些古怪奇特的图片，在我们生活的世界中充满了这样的图片，例如在一些竞赛中，这种方法对于设计作品的脱颖而出极为重要，但坚持将概念创意作为视觉表达的指导方针仍然是相当重要的，尤其是在我们很难预测这个设计方案是否能够达到特定的效果时。总之，由于大量的时间、金钱和精力的投入，高表现力的图片在今天已经非常普遍，这些图片在很大程度上促进了视觉图像的发展，而这种发展似乎是没有限制的，这里不是要深度评估视觉图像在多大程度上影响到概念设计创意，但很明显，如果高品质图像出现在设计过程及设计创意中，将有助于问题的解决，当然也会促进设计的发展。

三维图像相对于平面图片或是剖面图更能潜在地激发人们对项目的高度认同，因此在设计过程中越来越多地被使用。三维图片的主要目标不再是设计的实际内容，而是通过这些图片把公众带入项目中去，去促进公众对项目的认同，某些时候只是用于广告宣传。规划实践中也会定期或不定期地生成一些类似的图片，用于告知公众设计正在不断完善，当然，这些图片也可以记录下规划的实际进展。

三维图像能够展现人们将会如何使用规划的开放空间，或人们应该如何利用这些开放空间，三维图像比二维图像更容易表达人们的意图，而设计项目本身的目的和意义也能够通过人们的活动表现得更清楚，这比依靠标记图、阴影或色彩来表现更为有效。可以通过天气的渲染来营造氛围，比如万里无云的天空或是夏天天空的一角乌云密布，典型应用都是在白天，对于晚上而言则不太一样，通常晚上要注意表现安全方面的一些内容。照明的主要作用就在于能使开放空间在晚上或者阴暗的季节也可以继续使用，如果在设计阶段考虑到这方面的影响，同时将它表现在设计中的话，对于设计项目后期的验收将起到很重要的作用。

经常会出现的一个问题就是如何"正确地"通过可视化过程将预期构想转化为现实，或是在何时、通过何种方式唤起观众内心的正面情绪。这一过程能充分展现风景园林的艺术性，艺术和资源的自由度也比二维图像表现更大。不仅是因为人们的要求很高，而且迅速发展的三维技术和创意手段为风景园林设计师的三维表现提供了更多的可能性。因此，风景园林设计师的表现技法更为强大，也更能清晰明白地表现出自己的设计创意。

由于三维图像中很少包含生态规划方面的内容，并且不能明确地确定植物的种类和品种，所以在具体规划项目中涉及生态环境方面的内容时往往采用平面图去表述。对真实的生活图像进行如实的或者抽象的记录，不仅包括植物，而且还延伸至由植物长宽高所形成的空间形态，图1.67所展示的草莓，就是这种可能性的案例之一，数字生成的图片视角贴近地面，与人体尺度相差甚远，很少在开放空间的规划设计中应用。不合常规的观点、精致的细节和色欲的主题是这张图片最吸引人的地方，而比例正确的设计不一定能展现这种程度的细节。

周边建筑物往往比植物的影响更大。因为建筑决定着开放空间的用途和空间结构，为开放空间的规划提供必要的框架和尺度。

1.67

计算机虚拟现实图像——草莓种植地，3D图。

三维图像可以是平行斜交投影或者透视，这与人们采用一点或两点透视看东西或拍照是一致的。透视都是以准确的空间尺度绘制的，而且常以周边的环境作为参照，以使其比例适宜，也可以建立模型或使用数字模型。另外一种可行但是目前并不常见的方法，就是创建两个具有细微差异的图像，并利用视觉辅助来完成三维效果，例如光栅画面技术和立体工艺。立体工艺就是通过两个颜色互补的立体图像叠加完成。在光栅画面技术中，计算机生成的图像是由栅格组成的，用采用合适色彩的镜片或金属薄片的立体眼镜来看这些图片，就能看到它们呈现的三维场景，这种技术在本文撰写的时候还处在研究阶段，早期的研究结果表明，这是一个很好的表现方法，而且面对一般人群，这个方法比传统图片更能给人留下生动的印象，但这种技术还不太适宜在书中传播。

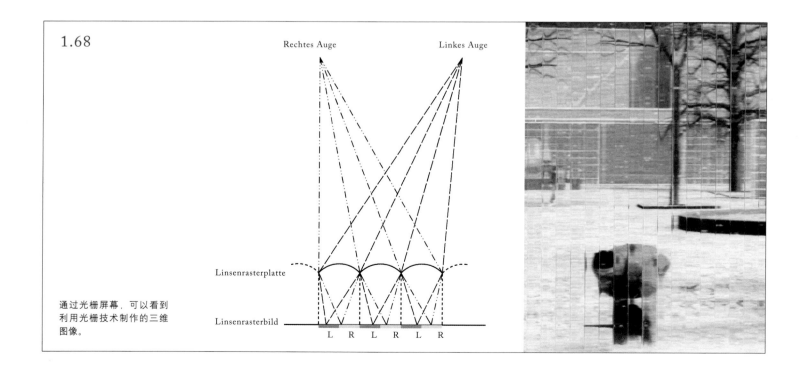

1.68

Rechtes Auge　　　　　　　　Linkes Auge

Linsenrasterplatte

Linsenrasterbild

L　R　L　R　L　R

通过光栅屏幕，可以看到
利用光栅技术制作的三维
图像。

三维投影

目前，风景园林行业中普遍采用的在二维载体中传达三维特质的技术在本质上还是平行投影（轴测投影的典型手段），将消失点投影作为中心透视或斜线透视。

轴测投影

轴测投影是平行投影的一种，可用来表现整个项目区域和项目周边的环境。轴测投影就是从一个无限高的视角来看整个场地所产生的效果，就像平行的光线经过很长的距离后产生了阴影。如果让人们绘制一块砖，大多数人都会凭直觉画出一个三维的平行四边形，这和轴测投影产生的效果是一样的，这里的平行光线产生的效果不仅包含有平面上的内容，而且增加了竖直向上的元素，使人们能够看到三维的空间。在方砖这个长方体的例子中，人们可以从平面图像上看出砖的从上到下的不同表面，大多数人都能够理解这一点，正是因为人们具备这样的感知力：大多数人都认为平行四边形可以组成三维的立方体，这些空间本身能够给人留下很深刻的印象。

轴测投影可以使人们想象到画面以外的一些东西。按高度比例绘图使人更容易理解，就像在平面规划中那样，整个项目的内容可以一目了然，但是与此同时，项目的某些部分可能被三维图像中竖直向上的一些元素遮挡，因此，这种形式的可视化景观只能够作为平面设计的补充，而不能取代平面设计。尽管浏览图片时可能印象很深刻，通过三维图形也能够看得更明白，但平行投影和平面图不足以使人们充分体验或者探究整个场地空间。

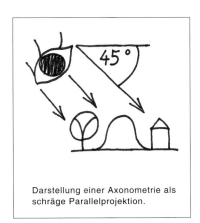

Darstellung einer Axonometrie als schräge Parallelprojektion.

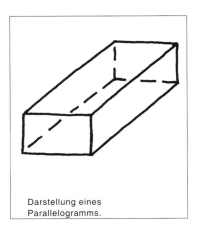

Darstellung eines Parallelogramms.

消失点透视

　　除了正交图像能够展示三维的其他深度特性外，透视法也能够表现人、植物及建筑物随着视线变远而逐渐变小的特性。正因为如此，消失点透视法最接近人的视觉感知角度。尽管在每张图片中消失点透视仅能表示出整体规划的一部分，但是它具备的接近人的视觉角度的特性却使其优于其他形式的图形表现方法。不管是对草图而言，还是对表现设计思想而言，透视法都是一种特别有效的表现方式。由于平面上或平面以上的消失点可以自由选择，因此表现的图面也可以很自由，比如说，消失点可以选择在人的视点高度或者略高，约为地平面上1.5米到5米，或者是更高尺度的鸟瞰。

　　从中央透视来看，垂直于图纸平面的平行线消失于一个相交的点，即消失点。在正常或是对角线透视中，直线则相交于几个消失点。

　　在风景园林设计中经常用中央透视法来展现整体设计中的一些细节，这可以让人们熟悉建成以后的场景。而鸟瞰图可以表现新设计场地的一个整体外观，鸟瞰图的视点越远越类似于轴测投影。适当视角的透视图就能够很好地展现规划场地的未来面貌以及给人留下如何体验和感知规划场地的最佳印象。

　　透视图可以通过手绘、电脑制作，或二者混合完成。拼贴图是由不同的元素合成的图像，大多由数字技术来实现。手绘往往带有个人风格，能够表达规划信息以外的一些东西，同时也能反映绘图者本人的专业能力。规划可以通过手绘以表现得比较现实，也可以表现得比较抽象。如果图像是具体的而且是比较容易辨认的，那么看图者就会很快认为："我曾经去过这里"，即使有可能只是在一些未来的规划空间中看到过。如果透视图比较抽象，则需要看图者花更多的时间去理解，这样的图片更多的是表现某一具体位置的艺术创作，而非最佳的设计表现。

　　一个有助于理解开放空间规划的重要方面就是通过运用建筑、植物及人物来建立一种尺度，其中最重要的是人物，无论是规划的需要还是尺度的需要，都能够通过人物及其活动而体现，因为人的尺度是和观看者自身的尺度是最接近的。

　　空间的缩放，即通过放大、颜色加深或其他方式来表现需要强调的元素，其表现的尺度与所需尺度刚好相反，这种方法很少运用。现如今，种类繁多的透视方法已经超越了设计和规划本身，通过它们往往能为项目营造出一种良好的氛围和生活气息。

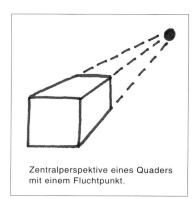

Zentralperspektive eines Quaders mit einem Fluchtpunkt.

Perspektive und Konvergenz.

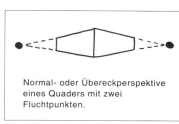

Normal- oder Übereckperspektive eines Quaders mit zwei Fluchtpunkten.

空间模型演示

　　许多实际项目中会经常制作一些模型来展示他们的设计构思；有些项目可以通过制作模型进行改进，可以通过这种简化得更为现实且更为直接的模型反复审视设计思想。模型相对于图纸而言更能直接地检查空间的设计质量、比例及结构，尤其是在检查空间的照明设计情况时更是如此。模型的引入可能会造成设计思想和解决方案不断地变更和调整。一般情况下，由于模型比照片更接近现实，它更能让人们体验到设计效果。只要绘制的图案内容可以实现，不管绘制的内容复杂与否，都能按比例转换为相应的模型。

　　模型可由各种材质或电脑制作而成。按一定比例制作的模型可以让人们从不同的角度、高度，远距离、近距离地观看。根据模型需要展示的内容及范围设定合理的比例尺，如此，模型的规模相对于实体来说减小了很多，但仍能够让人们感受到项目的整体设计，同时也能了解一些具体细节。作为设计过程的一部分，模型可以制作得比较简单，由行家手工制作或者绘制数字化图纸，制作的材料可以是天然的，也可以是人工的。需要进一步明确的是，模型制作是采用倾向自然的方法，尤其是模型中的植被，或者是采用抽象办法，再或是采用折中的方法，目标是使普通人也能很快地理解模型，但是由于客体的差异性，往往需要花费大量的精力和金钱来处理这个问题。电脑生成的虚拟模型同样可以从各个角度和高度观看，但是它们只能在电脑屏幕上显示出来，某些情况下也可以打印输出项目某一局部视角的模型图。

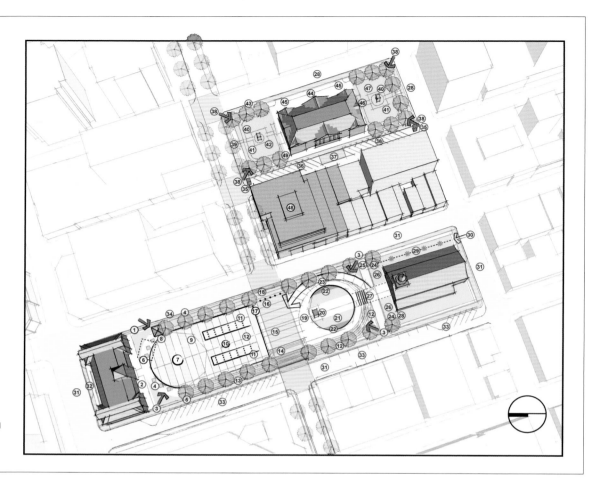

1.69

加拿大哈利法克斯格兰居住区特色轴测投影。

平行投影和透视

　　对于一个场地及其周边环境关系的方案表现，包括设计的一些重要环节，通常都制作成二维的图像。在哈利法克斯城市开放空间的这个例子中，综合运用二维和三维的表现方法：建筑运用了轴测投影，而开放空间则运用了二维平面的表现方法。在体现规划区域中的细节的时候，两种技术的同时使用能够营造出三维的效果。图1.71所示为平行投影在一个公园设计应用中的一些详细情况。

透视图

　　作为合理的透视视角，视角应水平延伸至地平面，与人们的视线相当，这样产生的图像与普通人的空间体验是最接近的。为了让图片中的可视区域更大，通常将视者的视线提高，达到距离地平面约5米以上。消失点或者由于延展至空间深部的线条相反而形成的点应该在水平线上，只有朝向视者的平面或是元素在画面中是始终保持平行的。

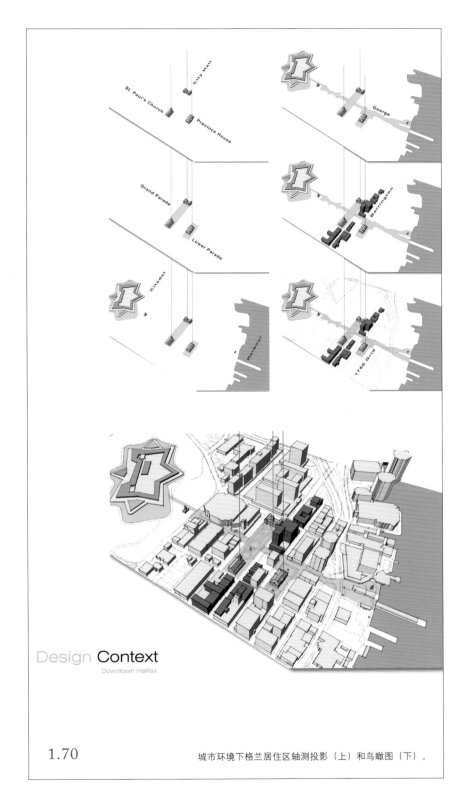

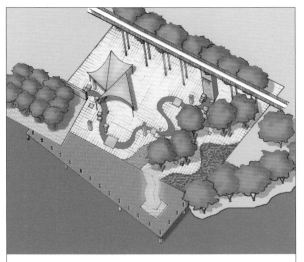

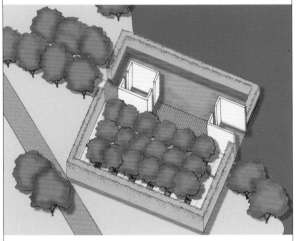

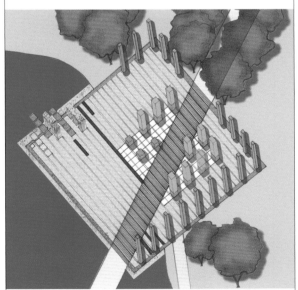

Design **Context**
Downtown Halifax

1.70 　　　　城市环境下格兰居住区轴测投影（上）和鸟瞰图（下）。

1.71 　　轴测投影显示了由北京土人景观设计的中国上海绿龙公园的设计细节，这些平行投影从不同角度展示了项目的细节，而且可能每个角度都是最好的视点。

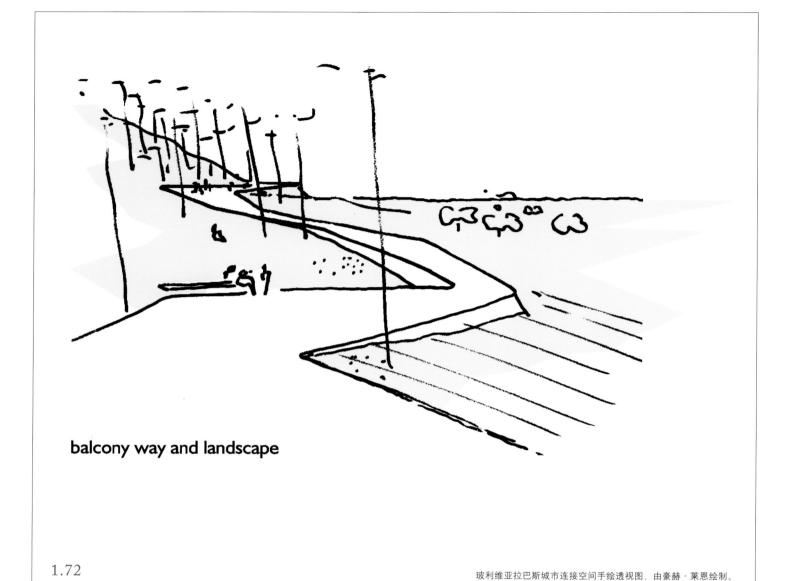

balcony way and landscape

玻利维亚拉巴斯城市连接空间手绘透视图，由豪赫·莱恩绘制。

手绘图

图1.72是一幅手绘的透视图，图中的绿色斜坡映衬在白色平面上，采用单色黑线加以界定，表现出了该露台走道设计的中心思想。这条道路是拉巴斯市斜坡上的一条人行道，海拔3600米，其目的是结合该市地形沿线的中央基础设施。虽然不能使其成为该市的一个标准的城市广场，但一定要将该景观营造为该市的一个新型的中央公园景观，同时也是该市最长的广场。这幅画面在具有趣味性的同时，也很清楚地传达了设计者的意图。这幅图的透视主要就是依靠描绘画面前景、中景及背景中的树来表现，同时随着距离的增加，路的宽度也逐渐变窄。背景中的植物没有上色，目的是增强现场的纵深感和距离感。这个开放空间的设计对于城市特征并未予以强调，图中没有诸如汽车、建筑和人等城市的典型特征，由此可见，精确的比例控制并不是该设计的首要条件。

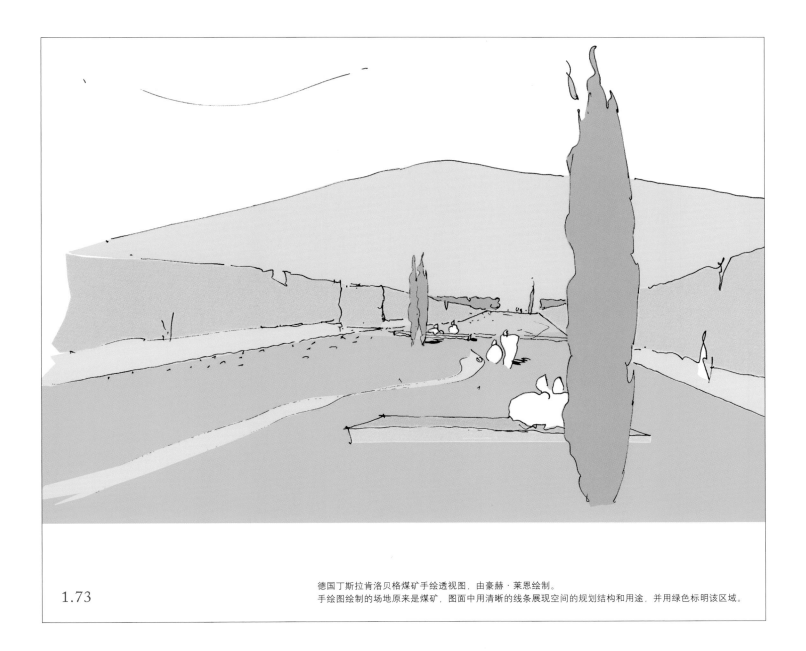

1.73 德国丁斯拉肯洛贝格煤矿手绘透视图，由豪赫·莱恩绘制。
手绘图绘制的场地原来是煤矿，图面中用清晰的线条展现空间的规划结构和用途，并用绿色标明该区域。

1.74

手绘透视图，哥伦比亚恰村的一个公园，
由格鲁普佛德公司绘制。

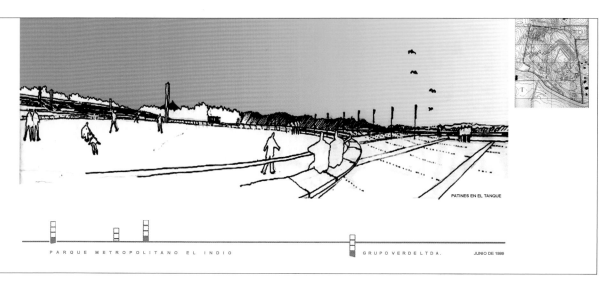

PATINES EN EL TANQUE

哥伦比亚波哥大印第欧都
市公园手绘透视图，由格
鲁普佛德公司绘制。这个
场地是在一个小的、插入
的平面上被表现出来的，
因此透视图能够清楚地看
到整个规划。

PARQUE METROPOLITANO EL INDIO　　　GRUPO VERDE LTDA.　　JUNIO DE 1999

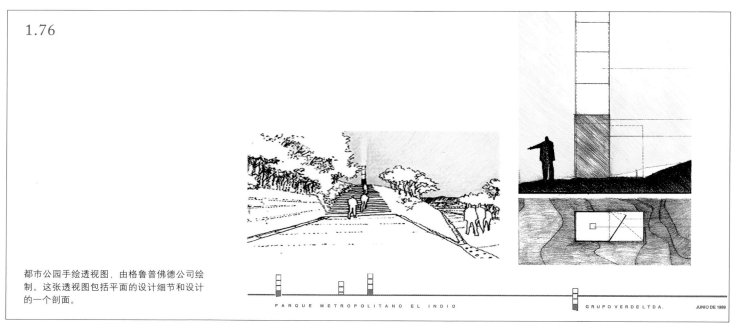

都市公园手绘透视图，由格鲁普佛德公司绘
制。这张透视图包括平面的设计细节和设计
的一个剖面。

PARQUE METROPOLITANO EL INDIO　　　GRUPO VERDE LTDA.　　JUNIO DE 1999

印第欧都市公园手绘透视图。这张手绘透视
图的视点和方向是一个较小的角度。这张图
采用了黑白逆转处理，加强了夜景效果。

PARQUE METROPOLITANO EL INDIO　　　GRUPO VERDE LTDA.　　JUNIO DE 1999

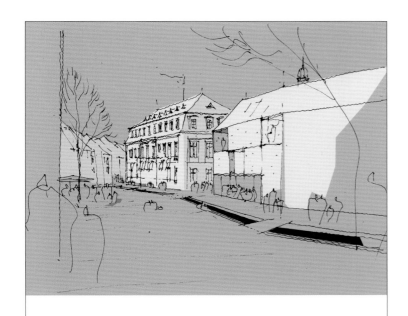

1.78　德国莱门镇市政大街——市政广场区拜仁特广场手绘透视图，由豪赫·莱恩绘制。

1.79　莱门手绘透视图。在这张图中，建筑得到了很好的强化，人物和树只是一些轮廓线条。因此它不是很强调比例尺寸。图像的叠加及对于建筑的强调，营造了一个活跃的城市空间。灰色的背景让整个图面跃然纸上，起到框景的效果。

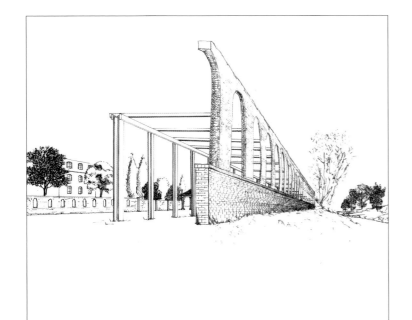

1.80　在德国古本的废弃工业地上建设城市新娱乐场所的手绘设计透视图，由诺伊曼·古森伯格绘制。图片上的墙体是原来的建筑遗留下来的，和新建成的部分一起构成了这个凉亭，目的是为了创造一种具有工业机理的有吸引力的场所。

1.81　这张手绘透视图是北京土人景观设计上海绿龙公园时绘制的。这张水彩画采用接近自然的色彩描绘了人类对于这个场所的合理利用。

1.82

哥伦比亚卡塔赫纳开放空间规划。手绘、照片和数字技术相结合的美术拼贴，由格鲁普佛德公司绘制。

1.83

电脑透视图。德国新乌尔姆多瑙河河畔的台地草坪，由普兰康特绘制。

电脑制图

电脑透视图的表现方法允许与现实存在差异。项目所在区域用彩色表示，周边环境用黑白表示，比如，添加的人物配景，可以从现实生活的照片中剪切而来，也可以用大致的轮廓表示。现实中的人物图像可能会转移观看者的注意力，而抽象的人物图像则可以避免这一点。

电脑透视图。埃及开罗大埃及博物馆花园的艺术印象。这张图片特别的地方在于消失点是向上的，在棕榈树的顶端。这种效果不同寻常，而且非常引人注目。

1.84

电脑透视图。迪拜岛上一个住宅区内花园，由威斯及合伙人绘制。增添了人物形象使画面具有比例感，使空间不致显得过于局促。种植的树都是用浓烈的色彩被表示出来，使这个娱乐场所令人赏心悦目。

1.85

1.86

电脑透视图。美国纽约总督岛自由女神像和港口景色。孩子们兴奋地奔跑，周边的环境氛围统率着这张画面。图片的前景如鸟、植物都描写得十分具体，以渲染一种接近日常生活的氛围。

1.87 电脑透视图，英国伦敦一个休闲公园的草坪，由格罗斯·迈克斯绘制。这张图片的色彩构成非常有趣，主要以绿色、黄色、黑白为主，玩耍的孩子们给这个宁静的公园增添了活力。

1.88 电脑透视图。美国纽约总督岛儿童游乐山。孩子们各种玩耍的形象充分展示了该场地设计的丰富的娱乐设施。

1.89

电脑透视图。英国伦敦波特菲尔德公园入口。图片所强调的是，门旁的投影显示的引人注目的饰物、色彩缤纷的草本植物以及进入公园门口的妇女。

1.90

电脑透视图，法国法兰克福宴会大厅外部的开放空间由RMP公司绘制。这张图片的重点在于这个空间的设计以及植物，用白色表示人物形象，不仅让图面活跃起来，而且不会转移人们的注意力。

Perspektive St. Marienkirche

1.91

电脑透视图，德国里布尼茨城市广场设计，由施蒂芬·普尔可纳特绘制。

　　在这张透视图(图1.91)中，视点比普通人的视线略高，主要关注的是教堂和设计中的新城市广场。这就是说视者是在场景的附近观看，但他本身并不在画面中。因为他们不是"站"在广场上，而是"漂浮"在广场的上面，能够看到广场的全景。

　　教堂控制着整个开放空间的画面，广场和其他设计部分只占了这张图面的三分之一，图的另外四分之一则为建筑和广场的边界。实际上，天空将近占了整个图片的一半，画面中占主体地位的教堂以及人们安静的活动，营造了一种安静的氛围，图片所选择的色彩又进一步增强了这种氛围：选择灰蓝作为天空的颜色，镶嵌的灯光则作为补色，照片的其他部分也是由黄色和灰色组成。时间仿佛凝固了一般，当人们离开、走动或再次来到时，这个场景仿佛永远不会改变，时间仿佛凝固在了这一刻。白天似乎只发挥着微小的作用：明亮的日光，而天空又仿佛多云，但很少使用阴影，让画面在整体上显得很宁静。除去日光，灯光显示为黄色，所以当变换到晚上的时候，天空的色彩会变暗一点；其他似乎没有什么变化。

1.92   德国哥廷根市中心电脑透视图，由威斯及其合伙人绘制。

1.93   美国纽约总督岛漫步区电脑透视图。

　　这张由计算机生成的透视图表明规划师的个性化手法远超现实，这些图片
是针对开放空间规划理论的图面展示，其中的规划过程基于流程化的设计，这
样也能促使对这一理论展开探讨。风景园林再一次为审美实验提供资源。个性
表现构成规划师设计概念的一部分：视觉表现能够吸引人们的注意力，从而对
当今的风景园林发展产生相当大的影响。

德国新乌尔姆多瑙河畔人行道电脑透视图，由普兰康特绘制。

德国新勃兰登堡市场广场电脑透视图，由诺亚克绘制。

阿拉伯联合酋长国迪拜明珠广场电脑透视图，由威斯及其合伙人事务所绘制。

迪拜皇家广场夜景电脑透视图。

1.98

荷兰恩克森须德海博物馆电脑透视图，由格罗斯·迈克斯绘制。

1.99

须德海博物馆电脑透视图。

1.100

须德海博物馆电脑透视图。

电脑透视图表达出了丹麦哥本哈根西北1001树木公园的设计意图。图像中央山顶上的人物形象给人一种尺度感，月亮及周边环境给人一种特殊的感觉。

1.102

电脑透视图。丹麦哥本哈根西北部1001树木公园，由丹麦SLA景观设计事务所绘制。错落的树层，观看游人的小孩子以及下落的苹果形成了一个完整的画面，展现了一种超越真实的梦境。

1.101

1.103

电脑透视图，丹麦哥本哈根西北1001树木公园。图像中央山顶上的人物形象给人一种尺度感，月亮及周边环境给人一种特殊的感觉。

1.104

电脑透视图。英国利物浦圆形大楼，由格罗斯·迈克斯绘制。淡淡的色彩、绽放的花朵和飞舞的蝴蝶给人一种宁静别致的氛围，非常引人注目。

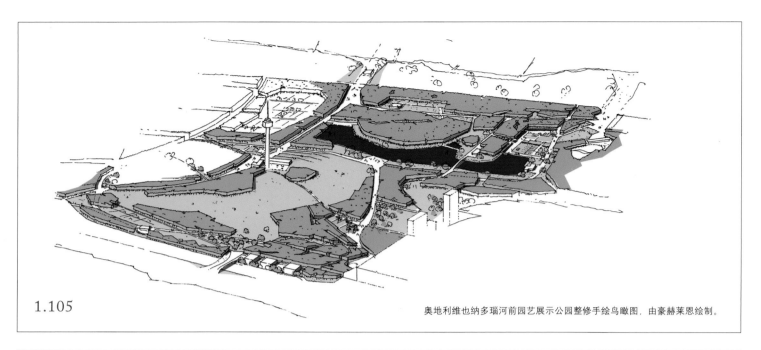

1.105

奥地利维也纳多瑙河前园艺展示公园整修手绘鸟瞰图，由豪赫莱恩绘制。

1.106

德国慕尼黑北福尔汉姆住宅区节点手绘鸟瞰图，由豪赫莱恩绘制。

鸟瞰图

手绘图

如果将透视视角置于地平线以上，同时将图片视点放在规划场地之外，这样图片就能展现大部分场地甚至整个场地的效果，场地的空间结构也能够很清晰地表现出来。由于图片中人物的作用不明显，他们可以被忽略掉，或者以很小的尺度绘制。在这里所展示的鸟瞰图（图1.105 – 图1.107），让我们看到了项目的整体效果。图片的视角选择在较远的位置观看，所选择的色彩模式使场地的边界显得清晰，植被是采用开敞的大草坪和层次丰富的植物来展示的。图1.105中的电视塔和蓝色水体，是绿色植物区域以外唯一的色彩，是视觉的焦点；场地内外以及建筑之间连接的道路清晰可见，虽然观者进不到场地中，但

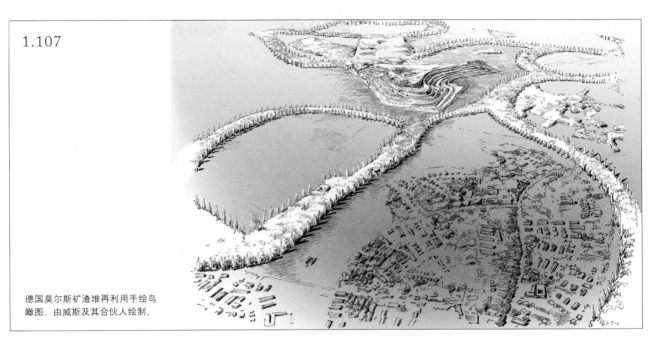

1.107

德国莫尔斯矿渣堆再利用手绘鸟
瞰图，由威斯及其合伙人绘制。

1.108

德国莫尔斯矿渣堆再利用手绘鸟瞰图。

也能清楚地看到场地中间的景物。

　　莫尔斯煤矿开采区矿石堆众多，如图即其中最大的一个矿渣堆设计，并且以"沉默的大山"作为主题。第一张透视图采用白灰色的阴影，表现了该矿渣堆"前无村后无店"的荒凉场景。

　　采用相似视角的第二幅透视图（图1.108），图片视点是在山顶上，在整个区域的外面，但是向上看的话，并不是整个区域都能进入视野。人物尺寸帮助显示整个图面的距离感，而画面前景中的植被则缺少细节体现。

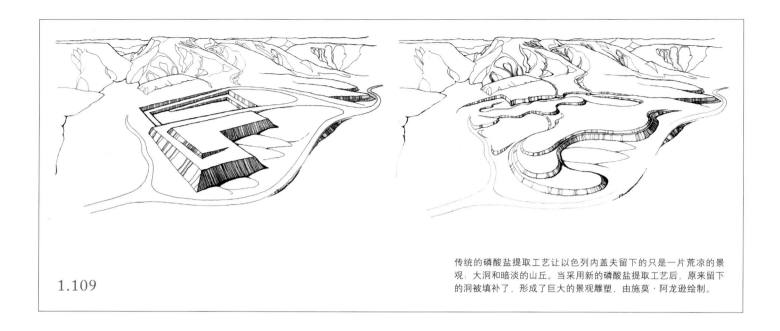

传统的磷酸盐提取工艺让以色列内盖夫留下的只是一片荒凉的景观：大洞和暗淡的山丘。当采用新的磷酸盐提取工艺后，原来留下的洞被填补了，形成了巨大的景观雕塑，由施莫·阿龙逊绘制。

1.109

1.110

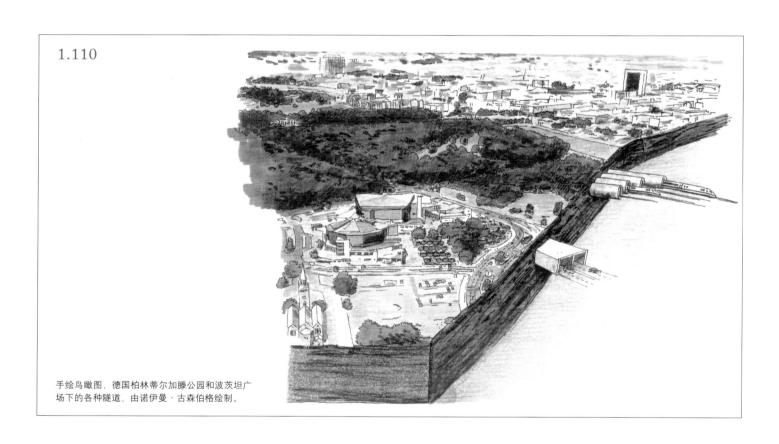

手绘鸟瞰图，德国柏林蒂尔加滕公园和波茨坦广场下的各种隧道，由诺伊曼·古森伯格绘制。

　　图1.110表现的是柏林蒂尔加滕公园下的隧道，可以看见发达的城市区域，而公园就在城市的左侧。图片的右侧是为了修建铁路和高速公路而建的隧道。彩绘能清晰地表达地上和地下部分的利用情况，这是一种很好的技术，能清晰地说明复杂的区域及城市中相互叠加的区域。

1.111

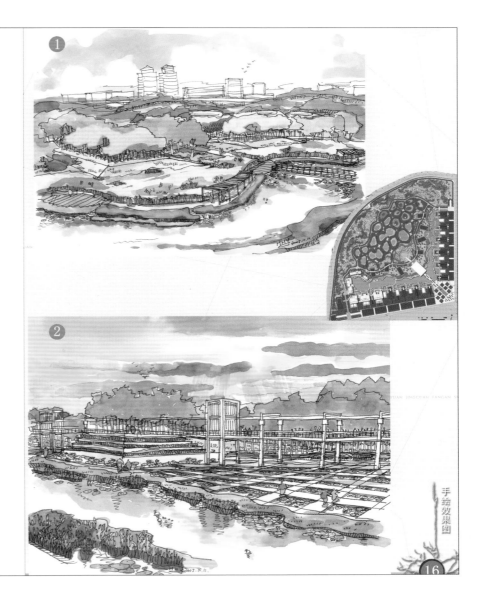

中国天津桥园公园手绘鸟瞰图，北京土人景观。视点和透视线画得很低，能够展现出更多的细节。

1.112 　德国古本城市结构现状手绘鸟瞰图，用来阐明设计意图，由诺伊曼·古森伯格绘制。

1.113 　建立在古本城市结构现状之上的手绘鸟瞰图，用来阐明设计意图。

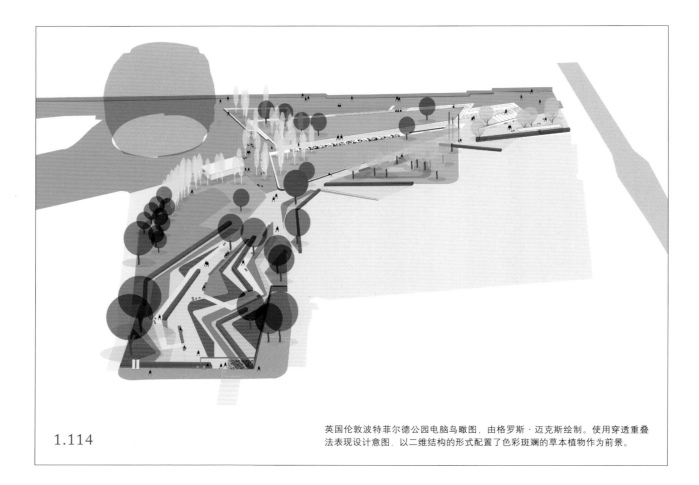

1.114

英国伦敦波特菲尔德公园电脑鸟瞰图，由格罗斯·迈克斯绘制。使用穿透重叠法表现设计意图，以二维结构的形式配置了色彩斑斓的草本植物作为前景。

电脑制图

　　如下的一些透视图是由电脑生成的，有些也综合运用了电脑和手绘两种技术。手绘需要一些徒手绘画的基础及实践，而由于多种电脑软件的辅助使用，电脑制图则通常不需要这方面的技能。由于空间表现需要大量的包括三维图片在内的图片库，现今的许多设计方案都是采用电脑绘制。电脑制图的另一优势还在于，即便是由不同的人来绘制，最终提供的图片材料看起来仍然是统一的，而手绘则不同，个人风格比较浓郁，技法各异。电脑制图通常是由一些模型数据生成的，这些数据也是事先经过不同角度和高度的测试而得出的。现实情况中通常都会利用一些程序操作，甚至手绘，来强化作者的个人观点及手法，这也使得最终结果呈现出无限的变化。描绘场地现状的照片通常作为规划变更的表现依据，能够使人们对场地的认识及对设计意图的理解更为容易。

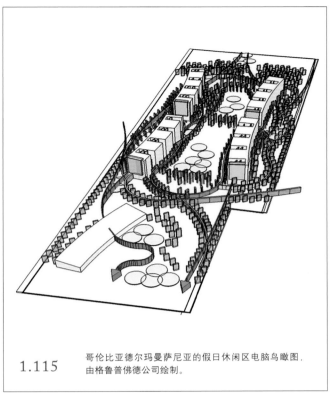

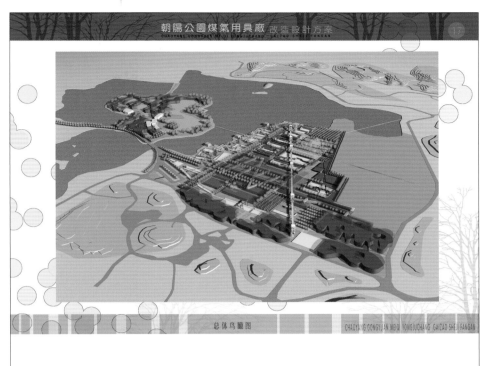

1.115 哥伦比亚德尔玛曼萨尼亚的假日休闲区电脑鸟瞰图，由格鲁普佛德公司绘制。

1.116 煤气厂景观改造电脑鸟瞰图，由北京土人景观绘制。从规划区域的较远距离来看，该图是一个典型的电脑透视图，能够看到整个区域及周边环境，主要强调的是地形和通道系统。

1.118 新加坡湾海岸花园电脑鸟瞰图，由古塔夫逊·波特绘制。由于这张鸟瞰图的视点较近，所以能清楚地看到图片中的人物；该图以一种更为细化的视角展现出了项目的一部分。

1.117 德国新乌尔姆园艺展示区部分区域电脑鸟瞰图，由普兰康特绘制。这张中央透视图展示了单个花园的位置以及左右的边界沟。

1.119

中国天津桥园公园鸟瞰图，由北京土人景观绘制。图片强调的重点在于建筑和植被，人物只是用轮廓图示被表示出来。

1.120

中国上海绿龙公园电脑鸟瞰图，由北京土人景观绘制。黑白和彩色区域重复叠加，成为整体规划的一部分，人物用轮廓表示出来，桥的阴影刻画得非常逼真。

1.121

中国上海绿龙公园鸟瞰图，由北京土人景观绘制。这是一张真实的场景图片，图片的边缘选择了色彩逐渐淡化的做法。

1.122

阿拉伯联合酋长国迪拜明珠项目屋顶花园鸟瞰图，由威斯及其合伙人绘制。这张透视图的视距非常接近场地，能使人清楚地看到人物形象以及花园的具体布置。

1.123

阿拉伯联合酋长国迪拜明珠项目电脑鸟瞰图。

1.124

哥伦比亚波哥大附近阿卢那温泉酒店电脑鸟瞰图，由格鲁普佛德公司绘制。

哥本哈根西北1001树木公园电脑鸟瞰图，由丹麦SLA景观设计事务所绘制。这张图片用色彩展现了规划区域，将植物融进了白色透明的区域，用轮廓线表示现存区域，并使其相互重叠。

视线几乎垂直向下的英国伦敦垂直公园鸟瞰图，由格罗斯·迈克斯绘制。

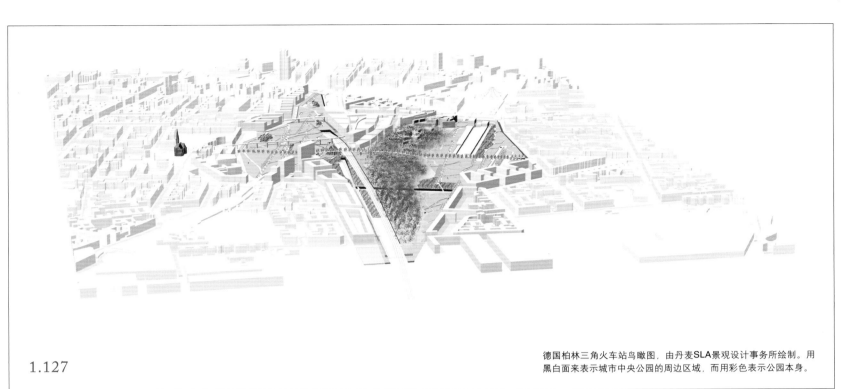

1.127

德国柏林三角火车站鸟瞰图，由丹麦SLA景观设计事务所绘制。用
黑白面来表示城市中央公园的周边区域，而用彩色表示公园本身。

1.128

阿拉伯联合酋长国阿布扎比哈利法市电脑鸟瞰图，由诺伊曼·古森伯格绘制。

1.129

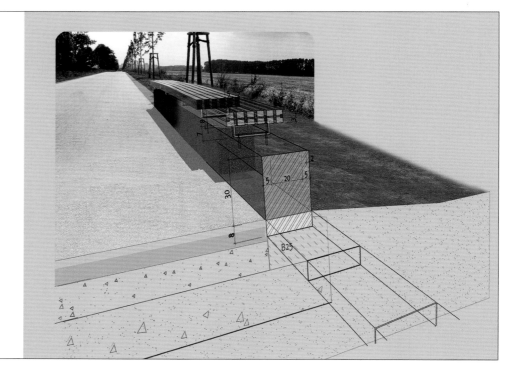

德国柏林瓦滕贝格公园长凳三维图，该图展示了结构、基础和设计路线，由普兰康特绘制。

1.130

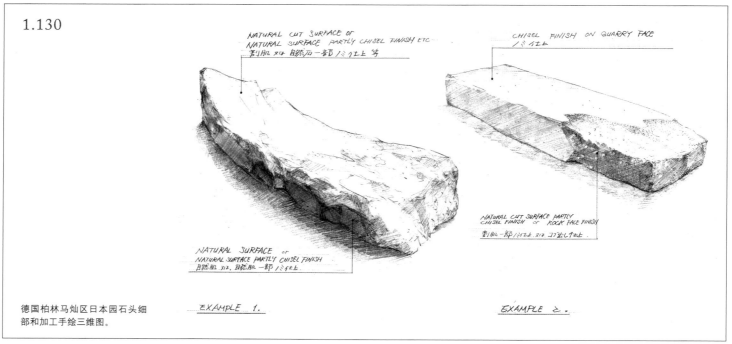

NATURAL CUT SURFACE or
NATURAL SURFACE PARTLY CHISEL FINISH ETC.
剖切面 X口 自然面一部 パシ口工上等

CHISEL FINISH ON QUARRY FACE
パシ 仕上

NATURAL CUT SURFACE PARTLY
CHISEL FINISH or ROCK FACE FINISH
剖切面一部 パシ仕上, X口 コ习头し仕上

NATURAL SURFACE or
NATURAL SURFACE PARTLY CHISEL FINISH
自然面 X口, 自然面一部 パシ仕上.

EXAMPLE 1.

EXAMPLE 2.

德国柏林马灿区日本园石头细部和加工手绘三维图。

施工图的空间表现

　　三维图片往往是在设计阶段中使用的。尽管比二维的图片要花更多的时间和精力，但是由于易于标注规格尺寸，三维空间图片更能帮助施工人员准确地理解设计概念。当然，透视图也存在一些缺点，因为它只能展示局部的效果，彼此不能很好地衔接。手绘的三维图片可以表达设计者的个人观点，同时也对手工艺制作提供一些必要的指导，如在特殊的人工制作过程中就有必要运用手绘的三维图片，如图1.30中的石块切割。

1.131　　　　　　　　　　　　　新加坡湾花园设计模型，由古塔夫逊·波特绘制。

1.132　　　哥伦比亚卡巴塞罗那卡塔赫纳印度居住区设计模型，
　　　　　　由格鲁普佛德公司绘制。

1.133　　　德国慕尼黑马瑞豪夫设计竞赛
　　　　　　模型，普兰康特绘制。

实物及数字模型

　　不管是手工制作还是电脑制作模型，都对具体的设计过程以及设计展现有相当大的帮助。在规划设计中使用一些常用的软件可以很容易地制作出一些简单的数字模型，实物模型的制作往往用在大型的城市开发项目及非常有名的一些项目中。一些书里提到的对于模型的复制仅仅限于这些模型的图片，这些资源对于设计表现力的帮助就介绍这些。

1.134

阿拉伯联合酋长国阿布扎比哈利法市设计模型，
由诺伊曼·古森伯格绘制。

1.135

用木头和丙烯酸制作的实物模型，模拟哈利法的
夜景。

1.136

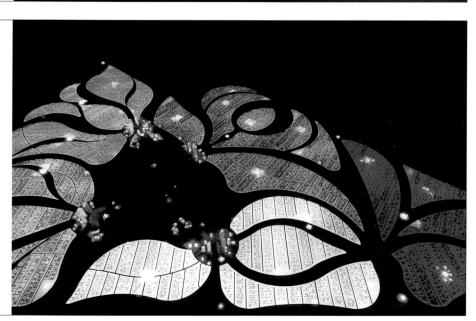

哈利法照明模型照片。

1.137 　　法国巴黎圣德尼生态发展规划的数字模型照片。

1.138 　　英国利物浦圆形大楼实物工作模型，由格罗斯·迈克斯绘制。

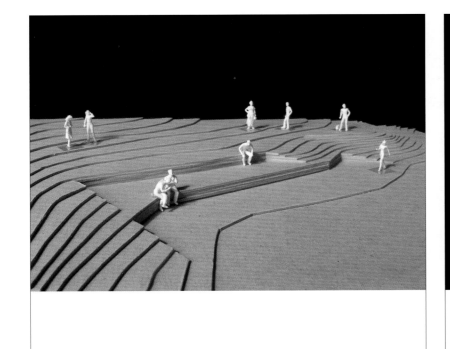

1.139 　　多哈卡塔尔国家博物馆户外设施模型。这个模型很清楚地显示了地形以及不同形状地形的用途。

1.140 　　比利时根特"欧德多肯"的实物模型。这个模型显示了设计的原则、边界及旧码头新设计的路基。

功能
时间

时间作为第四维设计元素

　　时间作为生活的特定媒介，是宇宙空间中可度量的一部分，它对于风景园林来说具有特别的意义。开放空间被感知的方式及其用途，不仅依赖于空间的位置、具体设计和具体内容，在很大程度上还依赖于时间因素。时间是人与自然交流的基础，天、周、年的时间循环对开放空间有直接的影响，在实际的规划设计中总会因为考虑时间因素而做一些更改。

　　作为一个不能被直接感知和看到的因素，时间往往意味着变化，即所有事物从来都不是静止不变的。任何一个地方根据其具体的地理位置都要经历每天从早到晚的光线条件的变化，也会经历一年中的四季交替、雨季与旱季交替及温度、降水和光照时间的变化，这些因素对于开放空间来说非常重要，规划的时候必须要考虑光线和气候条件。开放空间的有效性在很大程度上依赖于时间，开放空间的设计和其具体配置内容必须考虑到每天和每个季节的不同阶段。

设计方案和形态随时间而变化

　　开放空间的设计主要展示白天的情况，但一般来说城市的开放空间在晚上也会被使用，这样的话，在设计过程中为了满足安全和其他因素的要求必须考虑光照设计，同时采用绘画或其他可视化技术来展示其夜景设计。照明依据其不同的位置提供诸如安全、方向、定位和生态等不同服务目标，当然，创新性设计也是可以考虑的。

　　一般情况下，考虑到人们对于场地的用途在一天24小时中不会有太大的变化，开放空间的设计不会因为考虑白昼的因素而变化太多。当然针对用途的变化，对于开放空间也可以做一些创新性的设计，例如，某一场地白天是儿童活动场所，但晚上则拟作为停车场使用，像这样的规划设计已经存在，这种情况在将来可能会越来越多。

风景园林设计师在规划和设计具有不同用途的开放空间方面是专家，设计时必须要考虑开放空间在每天和每年的不同阶段中的可能及实际用途。如果在设计的图形化展示中使用人物形象，原则上要考虑使用年轻人和有活力的成人，一般是展示儿童娱乐和年青人运动的场景，老人一般被用来展示一种缺乏活力的呆板形象。利用有限的场景来传达社会对于年青、独立和包容的需求的方式目前已经存在，在设计的图形化展示中可以考虑使用。问题依然是能否通过完善设计达到目标或者设计时是否充分考虑到实际使用开放空间的用户，比如那些在白天不工作的人们。随着人们关注的增加，采用多种图形展示技巧的、用以展现一些非常稀少场景的图片的数量不断增加，例如在一个天气很好的、阳光充足的夏日午后。

光照条件对开放空间的实际应用产生着直接的影响，尽管光照条件随着昼夜和季节的变化而变化，但很少在图形展示中被体现出来；同样，开放空间在不同的季节有不同的应用，但不会对所有情况都作展现。如对于极端高温或寒冷的条件下使用，一般在图形展示中不表现开放空间在极端高温或寒冷的条件下的应用，原则上只展示其在适当的气候条件下最美好的一幕，对于这种美好的场景在一年中能出现几次或能持续多长时间则选择忽略。

景观的一个特点是它随着植物的改变而改变，所以时间对于景观设计来说特别重要。植物是整个季节的韵律，对于开放空间来说它比人类活动更重要。落叶树木和灌木的外形在不同的季节里看起来完全不同，由于它们在景观中被特意用来塑造空间形状，开放空间会随着它们的改变而变化，在规划设计中，它们往往被用来定义和划分空间，它们外形的改变可以直接作用于开放空间。灌木和草本植物在不同的季节开花，它们在开花的时候往往最具吸引力，但是在其他的时间，各种植物都有它特有的表现形式，可以以不同的方式影响开放空间。由于项目规划需要考虑到项目完成后很长一段时间的情况，同时要图形化展示其在某一特定时间点的情况，需要对于植物的生长情况重点考虑。按照常理来讲，植物会长大，有的长高，有的变宽，有的繁殖出新的，不是所有的植物都以相同的比率生长，植物的年龄进程也不一样，有的欧洲国家的草类植物能生长几个月，草本植物能生长几年，木本植物能生长几十年甚至上千年，这些自然法则应该作为可预见的变化在项目设计中考虑，但如何图形化综合表现这些变化是一个很大的挑战，当然很少有客户有这样的要求。

由于大量的开放空间是重建的或以前已经被设计过的，即便是考虑到使设计如何实现新的要求和实现从现在到未来的发展，每个项目开始时都有必要回顾这个项目的过去，新的设计灵感可能会出自这样的研究。对于有历史意义的开放空间项目，更应该通过利用历史资料、照片和其他可视资料来回顾它们的过去以便为新的设计提供经验，对于它们来说，典型的创造性的工作可以和对历史的重现联系起来。用于项目回顾的图形化材料必须通过细节和易于理解的方式表现出这个地方的变迁，表明该地区不同时期的发展情况，以便新的设计能和过去联系起来。

　　一个规划或设计建议是否被接受往往依赖于其是否有大量的内容展现对规划地历史的科学研究，同时用平滑过渡的模式来仔细呈现规划或设计所带来的改变也是非常重要的，还需要在规划或设计中为后人提供详细的说明文档。图形化展现技术可以满足这些要求并且是不可替代的。我们需要时间去看和理解绘画，但是我们更需要时间去感受和利用开放空间，时间影响着人们理解、喜欢园林或开放空间的具体内容和程度。例如，由于人们感受开放空间的"速度"不一样，其对于空间的感觉往往不同，比如步行或使用自行车、小汽车或者公共汽车等交通工具。相对于时间而言，图片是静止的，图片无法直接展现开放空间在不同阶段的可能用途，也无法展现开放空间在未来的改变顺序。动画、视频、影片能很好表现项目在时空方面的三个特征：项目完工后的后续发展，项目如何有机连接其过去、现在、未来，以及人们对于空间体验的暂时性。

纵览

　　在时间轴上，过去总是开放空间发展的一部分，这在设计过程及其展现中也有明确的体现。图片可以用来展现未来的设计、记录和分析当前状况——包括目前的发展和过去发生改变的原因，过去场景的相互关联或与现有情况形成关联。接下来的图文展示材料充分表明它们对于重建设计是有很大影响的。

　　图1.141a所示的名胜古迹维护项目，现状回顾图是通过在历史规划图上用黑色线条勾划及彩色着色显现其层次感，展现了古迹过去与现在的一致性和差异性。这是一种很好的能同时展现设计条件、历史状态及目前状态的方式。显露的叠印加上土地和墙的高度等细节的补充，使得按照古迹维护的原则来实施古迹重建成为可能。

　　图1.141b展现的是已经被考古发掘所证实了的历史情况。在这个例子中，历史的回顾和考古发掘之间的时间间隔是非常短的，并且两者之间保持了极大的一致性。

　　如图1.142－图1.145所示，将照片和绘画同时展现在计算机屏幕上，规划内容能从现实情况中直接识别出来。在这些例子中，新的设计和原有的现状图在网上被同时展现出来，新的开放空间可用的结构及材料也被列出。

1.141 a-b

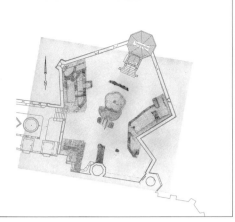

德国什维林的城堡公园，由施蒂芬·普尔可纳特绘制，此公园在1996年调查的基础上被建设，但其规划历史可以追溯到1869年。该图同时附加了2006年的考古发掘和1996年的调查所证实的内容。

1.142-143

被规划设计之前的德国古本场地和建筑照片，由诺伊曼·古森伯格绘制。古本开放空间规划效果图。

1.144-145

被规划设计之前的古本建筑物墙体照片。重新规划设计开放空间效果图，包括对原场地的改造。

1.146

德国法兰克福节日大厅开放空间，
白天效果，由RMP公司绘制。

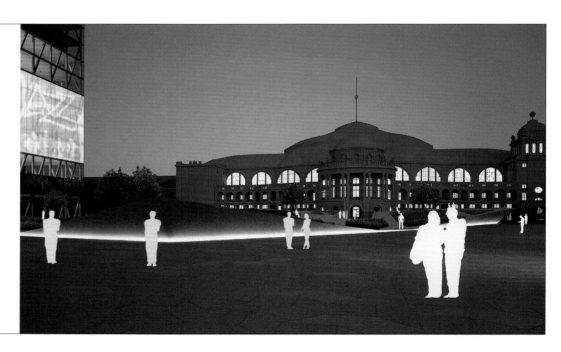

1.147

节日大厅夜景。

时间

　　随着一天中时间的变化，景观或开放空间的面貌会发生改变，有时它们的
用途也可能发生改变。图1.146、图1.147所展示的就是同一景点在白天和黑夜
不同的视觉效果。节日广场灯光的设计作为一种工具来强调广场前端的雕塑，
使公园更完美。这个雕塑公园晚上用灯光来组织：沿着其边界从下往上将光线
点亮，复杂的形状给人以巨大的冲击感，但又没有把人们的注意力从广场这个
中心点转移开来。

1.148

德国新勃兰登堡市场白天设计效果图。

1.149

德国新勃兰登堡市场夜景。

  图1.148所示的市场设计效果图展示了设计的目的就是建一个为不同年龄段的人们提供像游戏、运动等各种各样活动场所的广场。图片将人物视觉高度作为视点给人以身临其境的感觉，以很深入的细节展现广场表面的覆盖物，正如从图片所选择的视点能看到的那样。喷泉群是广场活动的中心，在图片背景中占支配地位的建筑群是广场边界。人们的衣服、蓝天、短的阴影和明亮的图片表明这是一个夏天的场景，图中所刻画的诸如成人跟小孩嬉戏、轮滑、在水中游玩等人物活动都说明图片展示的是一个休闲娱乐的场景，观赏者应该很容易从中获得身临其境的感觉。

1.150

"光纤沼泽"视图，美国罗
得岛场点水生生态系统重建
和生态稳定项目，由阿比吉
尔·费尔德曼绘制。

　　图1.149所示的在黄昏有照明情况下的场景展现了灯光对开放空间的影响，
不只是场地的用途改变了，场地给人的感觉也改变了。正是由于灯光的原因，
背景建筑显得更加重要，它给人们带来了安全的感觉，这也是设计时不可忽略
的一点。图片所选择的场景就是在一个美好的季节及完美的天气下，人们在广
场上轻松愉快的休闲画面，这正好能展现广场设计完美的一面。

　　将玻璃纤维杆状物放在水中是为了试图修复被重度污染的沿海地区的一块
沼泽地（图1.150），通过附着于这些杆状物上的真菌来吸收水里的化学物质，
以此改善水质，这样自然植物又可以重新生长起来。生长的玻璃纤维不但促使
了这一地区生态环境向好的方向发展，同时也给人提供了尺寸及方向等。灯光
颜色的改变给人一种特殊的印象，特别在晚上，就像底部的插图那样。图片展
现了人们如何创造性地去满足生态要求。

　　图1.151所示的是汉堡的一个广场的规划展示图纸，包括其中的一些插图，
图中展现的是针对白天和晚上的两种不同设计观点的设计效果图。按两种不同
观点规划的广场在相同的视角下仍然有细微的差别，图片中对于广场在白天和
晚上的不同用途和体验进行了对比，对于白天，规划建议中的广场是一个简单

1.151

德国汉堡游乐广场，由普兰康特绘制。

1.152

游乐广场模型。

的、现代化的城内广场，植物构成了广场的边界，而建筑在空间边缘就显得不那么重要了。到了晚上，来自周围的道路、建筑、广告的光线反射在光滑的、闪闪发光的沥青表面上，让广场显得闪闪发光，由于这些光线和广告的氛气灯光，广场周围的建筑给人的印象比白天深很多，而植物给人的冲击就浅了。设计师可以利用颜色的选择使得广场在晚上有更多的用途，然而这在白天却不容易实现，这个反转设计是本设计的一个重点，在图形化展示中相应强调了这一点。图1.152所示的补充模型展现了广场周围的建筑给人的深刻印象，同时也提供了比例和尺寸。这个例子中的模型并未涉及广场在不同时间的可能的用途。不管是使用模型还是图形展示，设计者的观点是成功的公共空间设计展示必须要提供需要应对无法预知的、让人惊奇的、多变的、多样化的使用方式，以及分歧和矛盾等情况的可能性。

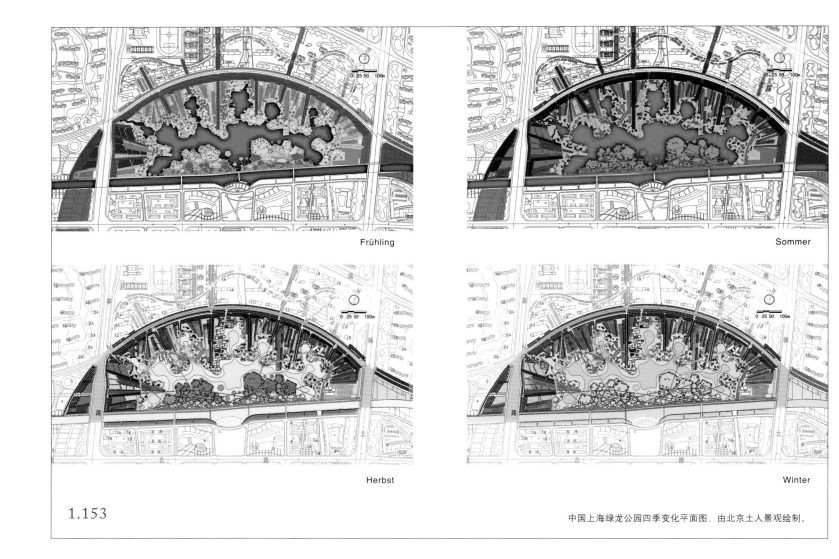

Frühling

Sommer

Herbst

Winter

1.153

中国上海绿龙公园四季变化平面图，由北京土人景观绘制。

季节

一年中的季节变化，如由于气候变化所产生的从夏天到冬天的循环，或者从旱季到雨季的变迁，决定了开放空间的表现形式和他们可能的用途。树木在夏天是绿色的，在冬天则是光秃秃，在冬天它们不能制造巨大的树荫，同时也不能利用它们的长势来对开放空间施加影响。通常来说，草本植物在冬天对于景观来说没有太大的影响力，并且在短时间内不断地改变相应的景观，然而一年生的植物却能在几个月以内保持一样的景观。通过观察不同季节的不同行为，可以实现计划中的使开放空间全年无休地被连续使用的目的。尽管很多国家冬天不下雪，雪在规划设计中仍作为冬天的一个象征被使用，冬天的照明设计必须考虑到光线的漫反射。

在设计中很少展现不同的季节，在平面图中。冬季可用来展示特别的或需要强调的场景。

在这些手绘图（图1.154－图1.155）中，用不同的颜色标识出不同的区域，每个区域都代表的是这个采用自然设计模式的草甸中的不同的草本植物外观。这种简单的展现方式表明在一张图上展示不同花草特性是可能的，这也可以传达出由于草本植物种植计划的改变所产生的效果变化。

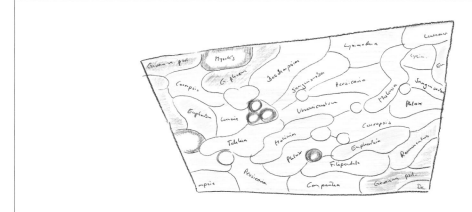
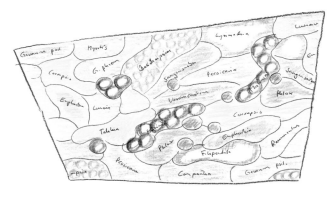

1.154-155

（"魔法变换"详图。五月开花的草本植物。德国海默地区园艺展。）
"魔法变换"详图。夏季开花的草本植物。

1.156-157

实验林三维图：德国劳齐茨的前露天煤
矿尼克奈尔德种植园，3D图。

1.158

德国施魏因福特席勒广场冬景，由德
克·施滕德尔绘制。

时间的流逝

开放空间经过多年的发展和改变后的效果很少有人能摸清并用图形的形式呈现。典型的情况是设计一般是呈现开放空间在20年后的样子；到那个时候单株种植的树可能已经被种了三次，这些树可能已经30岁了，习惯上树木的展现并不显示其物种及树龄。然而这种呈现方式却依赖于树木的成长和外形的改变，实际上，这种情况是在树木种植后很长时间才会出现。

开放空间在刚刚完成大批量植被种植后的外观往往与设计效果展示的内容不一样，特别是大量使用树木的开放空间。由于大树的生长周期的问题，它们在很长一段时间内无法完全发挥它们的作用，因此，一般用有一定树龄的、已长大成形的树木来达到快速实现设计效果的目的。这样也能使不同生长阶段和生长速度的植物更好地结合起来，但是这种做法扭曲了种植地发展的自然规律。例如，大龄树木与地面草坪或灌木相结合的时候就会出现这个问题。从技术方面来说，大树移植已成为可能，但是这需要好几年的准备和制造球根，这种做法会限制甚至阻止树木的生长。因此，这种集约型的种植方法只适用于少量树木的移植或者是在重要位置的单株树木的移植。

由于开放空间中的树木在开始的几年内外形的显著变化相对较慢，随着时间的发展，这种变化会越来越快，并一直持续下去，所以是否使用树木来营造景观必须针对每个项目的实际情况来决定。为维持生态平衡需要考虑现有的和即将迁入的动物，使它们获得固定栖息地，这取决于植物种类的恰当选择以及其未来的潜在发展。

作为拥有丰富的植物知识以及应对植物在不同条件下的生长情况的经验的园林建筑师，应该掌握专门的技术来应对开放空间随时间的变迁而变化的情况，这种技能也是园林建筑师所必需的。目前的趋势是缩短开放空间的发展阶段，而不是坐等它们的发展，这导致在新园林项目设计中往往是选择短期发展所必要的植物而不是长远发展所需要的植物。但很多现存的公园如此受欢迎是因为它们有一个较长的发展时期和恰当的维护。

在项目设计阶段，针对不同植物种类，如一年生夏季花期的草本植物、地被植物、灌木和各种大小乔木等的不同生长情况制定一个可行的培植计划。可由园林公司或当地专家提供培植计划和后续的包括割草、除草、木本植物修剪等在内的维护计划，以便逐步实现项目的设计目标，但是风景园林设计师一般不会用

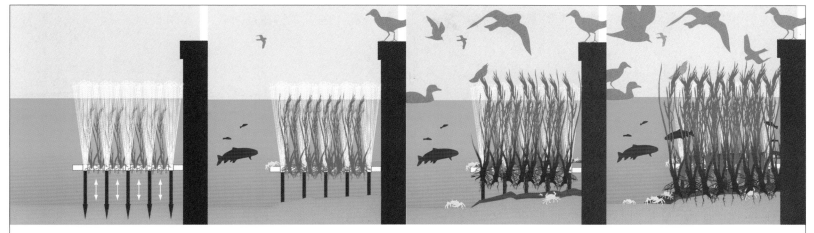

Im ersten Jahr.　　　Im fünften Jahr.　　　Im zehnten Jahr.　　　Im zwanzigsten Jahr.

1.159

美国罗得岛场点"光纤沼泽"的发展演变，由阿比吉尔·费尔德曼绘制。

图表的方式呈现这些，而是采用一些形象的易于理解的方式来提供可供选择的项目发展目标，如采取合理的措施使大量种植的灌木完成空间划分的目标，和经过一段时期的发展后重新种植或者移除一些植物来维护场地的设计景象。

对于家用园林，只要园林布局设计出来，人们就想看到按设计效果图片展示的实际园林。在小的园林中利用土壤改良和施肥等手段可达到植物生长的良好条件，让各类植物快速生长，使园林很快就呈现出生机盎然的景象，这样就表现出了设计、培植和未来发展之间的密切联系。绘画和可视化展示一般被用来展示开放空间经过10到50年的发展以后的场景，它们主要给人们一个美好意愿的暗示——这些肯定会出现在这儿。在展示植物的未来发展的同时也会展示它们的潜在用途，但是一般来说，可视化展示所关注的都是静止的场景。尽管图中展示的这些植物状态可能要经过很长一段时间才可能达到，但用它们结合人物行为、时尚娱乐、休闲活动等来呈现设计意图是可以理解的，当然它们所描绘的场景在很少的情况下才会实现，更不可能在图中预测气候的改变会怎样影响未来的习性、需求、可能性等。总而言之，可视化表现仍然是表现开放空间的设计和未来发展的最好方法，但是它不可能考虑到所有可能造就影响的因素。

图1.159就是用图表的形式展现了"光纤沼泽"这个实验性项目中植物的生长发展情况。当纤维玻璃棒样被散布并且插入到周边区域内以后，植物逐年生长，不断增加的动物种类表现了生态环境的逐步恢复和稳定。尽管图片并未展现项目的最终状况，而只是展现了项目开始的一个进程，这些图表已完整展现了这种没有先例的革新项目。

案例：波尔多城市景观的改建

大多数城内项目牵涉到更改现有的结构或者用途，其相邻地区一般都经过30年以上的持续不断的发展。规划初期要尽可能列举可能的、想要的改变。与创造一个满意场所的目标一样，规划可能会包含在项目的后期建立和维护一条硬质路面，并依据整体设计理念对它们进行评估。

在这种类型的项目中，可在不同地方采用重复使用的原型设计方法，这种设计方法和科学实验很相似：脱离给定的项目现状，构思一个想法，当这种想法变成现实以后，这个想法中被证明是可实施的部分便开始大规模地应用，并在很长一段时间内持续。

以波尔多这个城市为例，米歇尔·戴斯威纳风景规划师设想在城市里种植大量树木来营建森林城市，森林城市设想的构造与现有的实际情况相互关联及相互作用。在加仑河的右岸，一系列原规划为工业区、公园、道路的城市空间不再被使用，在这儿规划成3个按时间顺序建设的连续的空间，随着这些地方的建设完成并且逐渐种植上树木，这个城市的风景变化具有可见性并且逐步被人们理解。城市的绿化面积随着不断种植的绿化地块而不断改变。图片以地图为基础，展现了处于不同时期和不同生长阶段的独立的种植区域，其所采用的空中视点展现了绿化地块的发展和数量的不断增加，同时图片抽象表现了各个地区的不同面貌。

在城市赋予了规划前进的动力以后，一些建筑土地被重新设计成公园，并划归其相毗邻的住宅区域。在城市中心建一个如此大规模的公园的情况是非常少见的，这个规划的实施将会持续几十年。

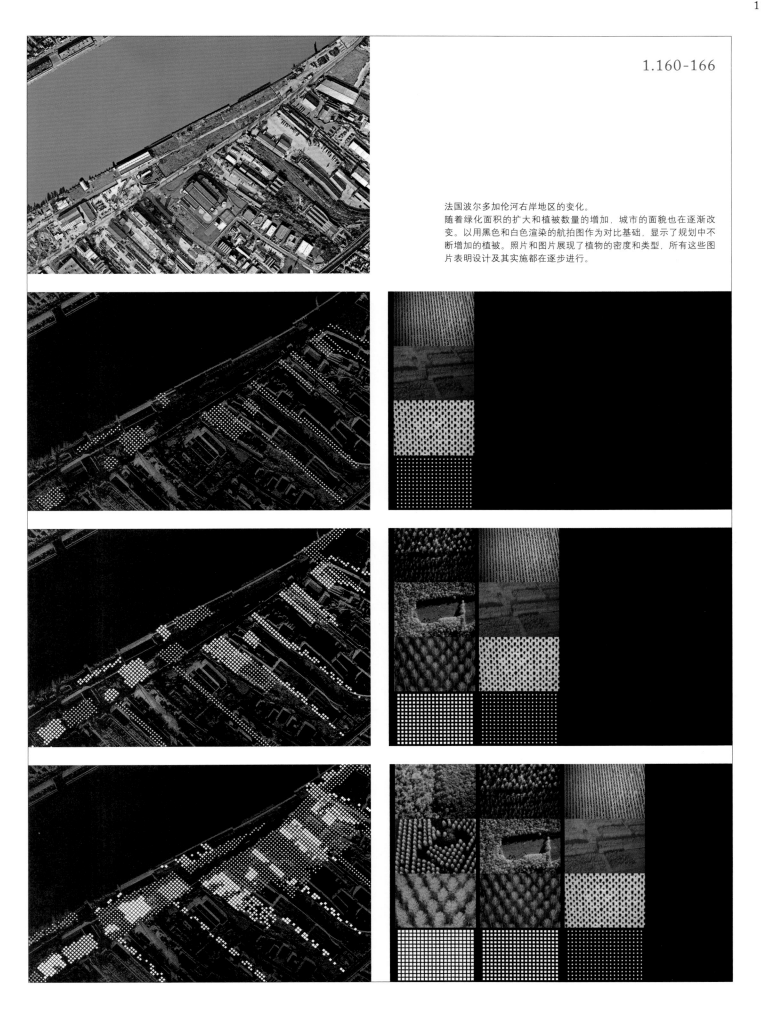

1.160-166

法国波尔多加伦河右岸地区的变化。
随着绿化面积的扩大和植被数量的增加，城市的面貌也在逐渐改
变。以用黑色和白色渲染的航拍图作为对比基础，显示了规划中不
断增加的植被。照片和图片展现了植物的密度和类型，所有这些图
片表明设计及其实施都在逐步进行。

影片

　　实际上有两种途径可以制造那些用来陈述设计想法的指定影片：第一种是利用计算机将设计转化成三维画面，并以动画的模式来模拟场地及周边的情景；另一种是准备一系列的图画和视觉图像来描述已设计的内容和在其他地方已实现的技术，或者表述人们需求的图片，并辅以说明、音乐、照片和其他影片的小段摘录来充实它。观看影片时聆听解说可以缓解视觉疲劳，但仍需要阅读文字说明部分。如果这段叙述是由专业人士设计，那么它很容易被接受，因为叙述的语言很容易让人了解讲述的内容。影片为制作者提供了一个排列和评论设计的机会，观众看到的是包括了所有重要方面的、有逻辑的、预先排好顺序的设计，这很重要，特别是当设计者不能在影片中诠释他的设计的时候。要安排好考虑问题的顺序和具体的时间分配，并且考虑到优先顺序。一般情况下，用影片这种媒介来表达设计思想要比用其他的图形化技术节省时间，然而另一方面，制作影片意味着一个巨大的挑战。

　　影片大大增加了视觉表现力，一般而言，书籍和版画不适合呈现运动的画面，然而影片中的定格画面却有它自己的美感和引人入胜之处。与该主题相关的例子可以在本书附带的DVD光盘里查找到。

Überflug vorwärts 1   Überflug rückwärts   Fahrt Boden   Überflug vorwärts 2

奥地利维也纳博物馆广场 布兰德斯塔特和拉伯

布兰德斯塔特和拉伯制作的维也纳博物馆广场的电影短片展示了数字三维空间在模拟穿越、飞行等运动方面具有的很大潜力。这些电影的巨大优势在于展现出了摄像机的运动速度能赶上模拟的速度：从现实的动作到快动作或者慢动作，另外，动作还可以前进或后退。这样的电影使观众清楚使用什么样的模仿方式能达到特定的效果。比起无声电影，带有背景音乐的文字叙述会使观众更乐于欣赏。

Merkmale   Struktur und Funktion der Landschaft

中国上海绿龙公园　土人景观

北京土人景观为上海绿龙公园设计制作了两部影片，第一部展示设计的特点，电影取材于哈利法市C区的发展。首先由一名演讲者阐述设计思想，然后展示具体情况，在不同比例尺的地图上都用红色来强调这个区域，随后演讲者一一解释透视图，并不时以场地现状的照片做补充。绘图和照片从右向左移动，就像翻阅手稿一样。通过调整摄影机与影片材料之间的距离来创造动感。公园不同地区的绘图被逐一展现出来，一次放大一张并详细说明。先用照片来展示设计灵感的来源，随后展示具体的设计。

项目影片的第二部分解释了作为项目设计基础的公园各个空间的构造和作用。影片分为几个部分，每一部分展现公园的一个区域或某个方面。每一部分在开始部分利用动画来显示标题，同时在总体规划图上定位要展示的区域。设计想法主要用绘图、照片、模拟场景来说明，同时配合演讲者的语言，通过高亮度的显示来强调演讲者解释说明的设计内容。影片使"用比静态图片更多的方式来展示绘图"成为可能：比如可以像翻书一样把轴测图片打开。这种影片的重点是传递信息而不是追求娱乐或艺术价值。

中国长沙橘子洲 土人景观

　　这是另一个用影片来辅助绘图和可视材料以说明设计的一个例子。橘子洲位于中国湖南省长沙市北部，它是一个重要的旅游景点，设计的目的就是要进一步推动其旅游业的发展。

　　影片以强调项目地区的长度开始，用航拍模式拍摄项目模型，首先从南部地区开始，以类似的方法并辅以其他的可视材料展示整个项目设计，配合演讲者的说明，并伴随有背景音乐，其间插入一些黑白插图、照片和展示建筑未来用途的图片作为补充。规划设计慢慢地从观赏者眼前移动，影片结束前重现刚开始的画面，这次的航拍画面是从模型的最后开始。只在影片开始的前四分之一配有约5分钟的解说，在其余的时间里，伴随着美妙的背景音乐而展开。

景观未来的生物量，虚拟的景观旅行 Lenné3D

　　这个影片完全由数字化生成，影片展示了由于种植不同的植物而引起的景观形象的变化。这是一个很好的例子，它阐明了用虚拟场景的模式来表述由于不同的土地利用模式而产生影响的可能性。交替使用航拍和正常拍摄模式将内容不同的种植例子按顺序展现，用农用车辆或者人物形象来显示尺度的大小。背景音乐适时地给直升机飞过的声音让路，有时能听到鸟鸣声，显示出娱乐与自然的密切结合。说明文字渐渐消失在图片的底部边缘，采用翻书一样的模式来改变主题，通过叠加、摄像机移动拍摄和画面切换等模式产生动态画面。

景观感知的实验录像 瑞士联邦理工学院 克里斯托夫·吉罗德

　　这两个简短的录像来自真实的环境，它们和设计无关，而是利用多媒体展示景观的特殊方面和人们感受它的方法，目的是给景观发展提供新的动力和为学生推荐一个适合于交流和演示的模式。这个例子表明摄像机可以做成设计工具，成为在环境分析过程中形成提议和精确演示设计的基础。这些例子证明对景观的感知、分析和诠释，和设计步骤一样，可以高度反映个人观点。

捷径

　　这段快动作的影片是由荷格诺尔和科赫拍摄的直线穿越景观的场景，其间直接跨越所有障碍物，包括一座建筑物。通常我们感受景观的方式和我们所能移动通过的方式一样，但是这里的重点是有意改变，用一种罕见的方式来感受熟悉的环境。快动作的效果使其具有娱乐性和戏剧性。因为它持续的时间太短，观赏者只能适应这个速度和吸收录像里图像的意义。

阿福尔特恩——命运之环

　　这段录像是由佩斯特拉齐和雷巴克尔用手持摄像机（只要移动画面就会摇晃）拍摄的。影片展示的是以选定的物体为圆心的周围环境的景色，就像一行人站在选好的中心点用一定距离的眼光看到的四周的景象。第一个场景的中心是邻近林地的一棵树，林地也被拍摄到。第二个场景的中心是操场上的一个运动设备。随着录像的进行，开放空间的景色逐渐被展示出来，由于摄像机移动得越来越快，以致于到最后运动成了最主要的特点，空间的重要性和属性都成了背景。

第二部分 概念

本节介绍了在规划进程中如何使用系列图像的概念。不同于上一节，本节的重点在于表述规划设计的整体内容。第一章选取了两个项目作为例子，选定的图纸、照片和场景模拟，乍一看起来，似乎任何个体图像的作用都相对较小，但最终都会让人明白：每个可视的个体图像都是总体方案不可分割的一部分，每个可视材料所展示的变化，都在某一方面上充实和塑造着规划过程。对于任何规划，用一个易于阅读、理解和易于让人信服的方式来展示图像序列是至关重要的。规划设计竞赛中一个很重要的技能是在指定的时间内全面展现竞赛的内容，这也是规划设计所要求的典型技能之一，首要的是用图形化展示，这意味着必须在很短的时间内生成所有的图形材料，竞争的环境要求所有展示的内容必须连贯和简洁，能快速给人留下好的印象。

加布里埃莱·霍尔斯特，无框架拼图。

概念
规划过程

整个规划过程中的视觉展示

　　前面的章节主要介绍了各种二维、三维和四维的视觉展现方式在规划设计中的不同功能，然而每一份绘图、场景模拟和模型都是伴随设计过程所产生的一系列展示内容的一部分，都服务于规划设计所面临的指定任务。总之，所有的图形材料都代表着设计背后的想法，有时有些图片如果不联系其他部分，往往不能被完全理解。本章安排了来自于所选设计项目的系列图像和设计图纸，用它们来表达视觉展现在设计过程中的不同阶段所扮演的角色，还强调了不同展现形式之间的关联途径。

2.1

规划设计前的场地现状分析图、二维平面设计图、照片，由北京土人景观绘制。

2.2

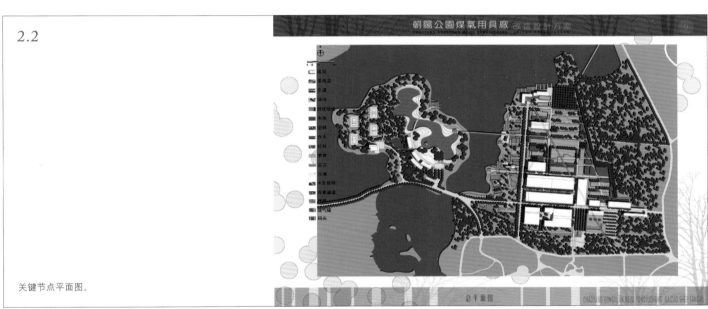

关键节点平面图。

案例1：北京燕山石化燃气用具工厂公园

北京土人景观正在将20世纪50年代建立的规模达15公顷的北京燃气用具厂规划成城市公园。在这个项目中，设计保留了场地的怀旧气氛以便人们回顾中国在20世纪60、70年代的社会主义革命，同时将红色砖墙为主的工厂结构和植被保留了下来，并以此为基础，利用原有场地的元素和循环使用原有的材料创造了一个现代化的公园景观。在场地原有的建筑中，创建了娱乐、购物、生活和工作的空间，来自场地老围墙的材料被重复利用在一系列的花园和庭院的围墙上。该项目还在原有的结构中为土生植物创造了空间，同时增加了连接建筑来为新创建的公园提供景观。

设计过程中产生了大量的视觉展现材料，从现有的结构分析到场地内独立区域的设计及详细的解决方案，用各种技术和方式互相配合来传达设计思想。所有的图形材料采用统一的布局和结构，并组织成一个连贯的展现材料。这里复制的图像都是从这个展现材料中选择的，它们给人一个展现不同技术的印象。

2.3-4

道路和场地功能分析系列图

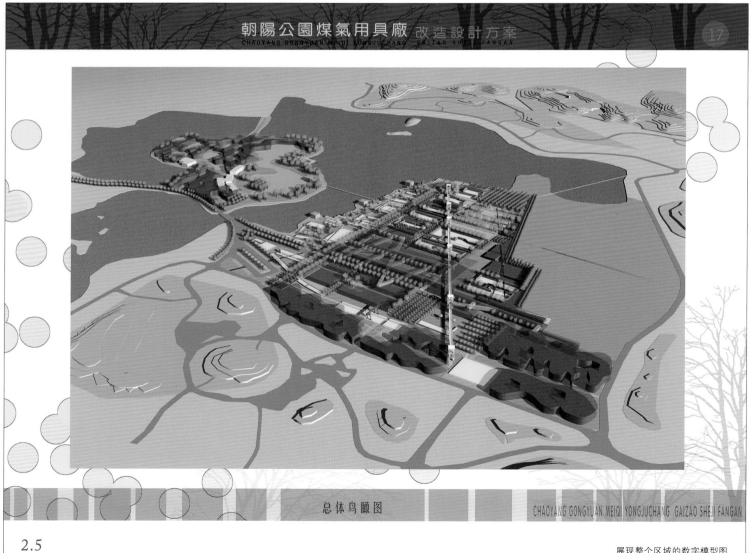

总体鸟瞰图

CHAOYANG GONGYUAN MEIQI YONGJUCHANG GAIZAO SHEJI FANGAN

2.5

展现整个区域的数字模型图

2.6-8

展示场地典型地貌的剖面图。每一条剖断线的位置都
在按比例缩小的平面图上被标明。这些手绘图用不同
的尺度和不同的详细程度突出重点区域。由于尺寸的
原因，需要用多幅图画来传达设计构思。

2.9-12

局部区域的手绘和电脑合成展示图。将来自于现有结构照片的黑白插图作为实施该计划的基础。

2.13

分区设计：水园。

2.14

分区设计：将一个原有的建筑设计成花园，其平面图、透视图及现有结构的照片。

2.15

分区设计：在原有建筑上建设温室花园的规划平面图。

2.16

分区设计：找回这个区域以前的功能，以钢铁为主题
的花园设计平面图和透视图。

2.17

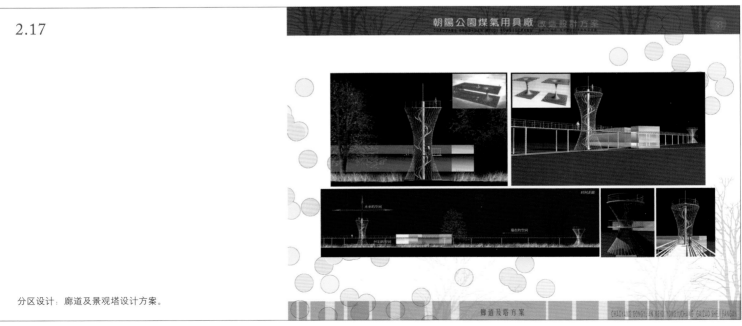

分区设计：廊道及景观塔设计方案。

2.18

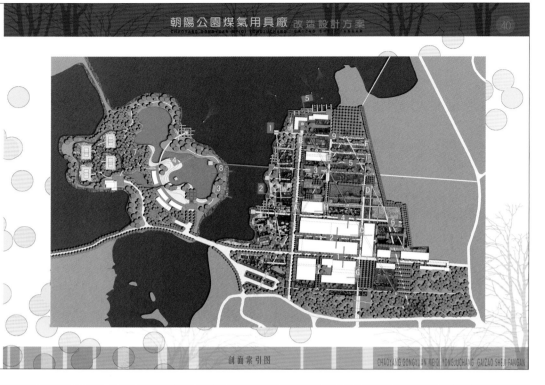

所有重要的位置在地形剖面图中以索引的形式被表示出来。

剖面索引图

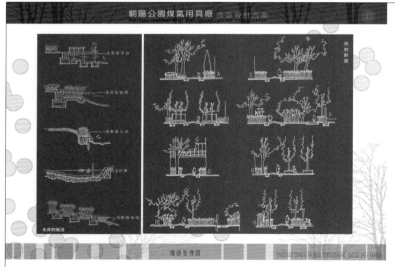

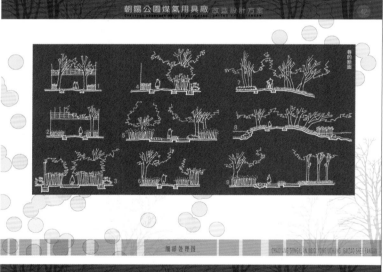

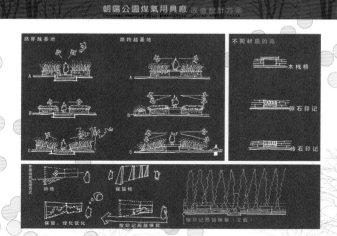

2.19-21

手绘剖面图

细部处理图

2.22

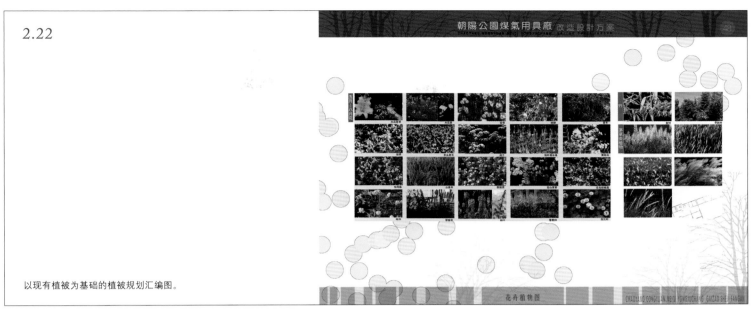

以现有植被为基础的植被规划汇编图。

2.23

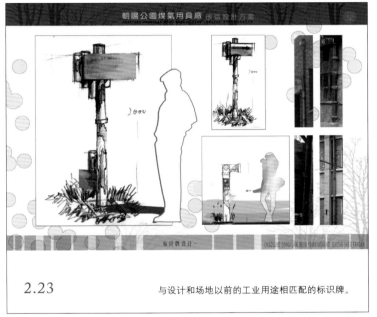

与设计和场地以前的工业用途相匹配的标识牌。

2.24

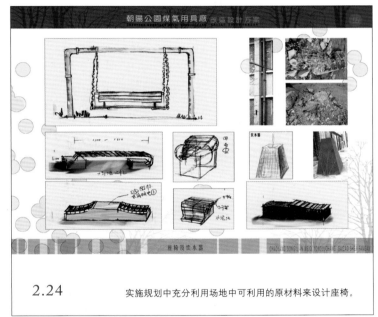

实施规划中充分利用场地中可利用的原材料来设计座椅。

2.25

原有建筑的新用途及其相互关系的示意图。

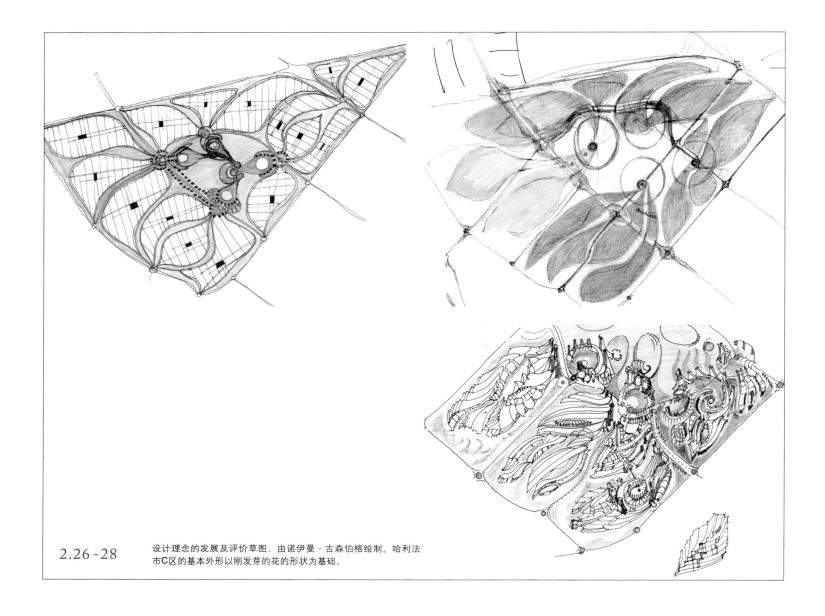

2.26-28　设计理念的发展及评价草图，由诺伊曼·古森伯格绘制。哈利法市C区的基本外形以刚发芽的花的形状为基础。

案例2：哈利法市C区

　　阿布扎比哈利法市A区和C区是近几十年来发展速度非常快的新区，哈利法市A区保持严格的正交规划，哈利法市C区被规划为花的形状，象征着有机生长。其开放空间由诺伊曼·古森伯格公司设计，包括公共绿地、广场、街道及道路等开放空间在内的综合设计，它们被精心制作的一系列非常不同的视觉效果材料展现出来。

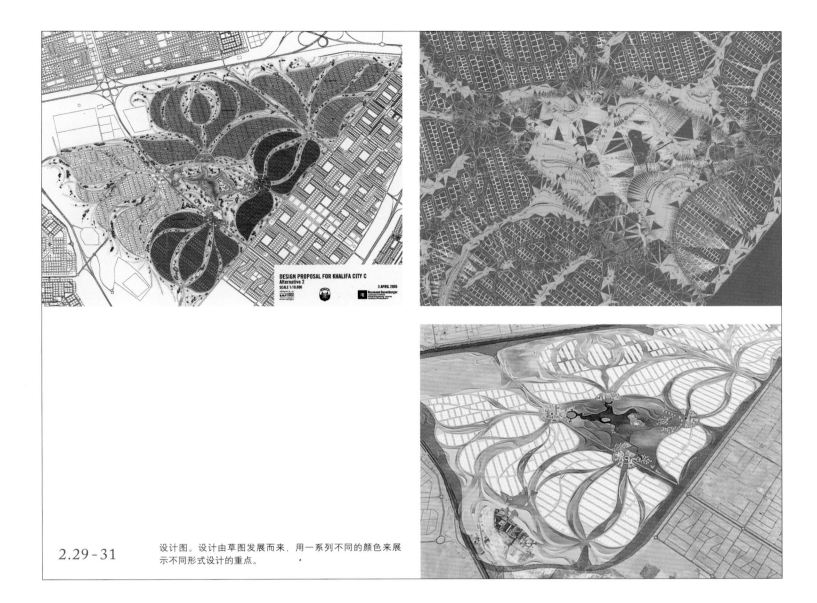

2.29-31　　设计图。设计由草图发展而来，用一系列不同的颜色来展示不同形式设计的重点。

2.32　　相邻道路和主要交通道路。

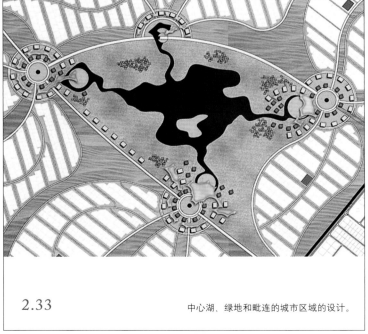

2.33　　中心湖、绿地和毗连的城市区域的设计。

2.34

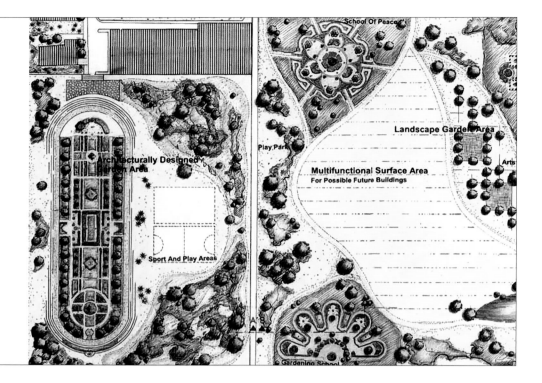

开放空间部分区域的手绘设计平面图，该图
标注其功能及用途。

2.35

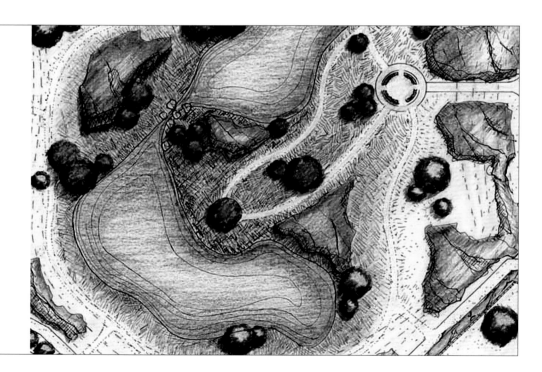

展示开放区域的水深、地貌、通道和植被的
手绘详图。

2.36

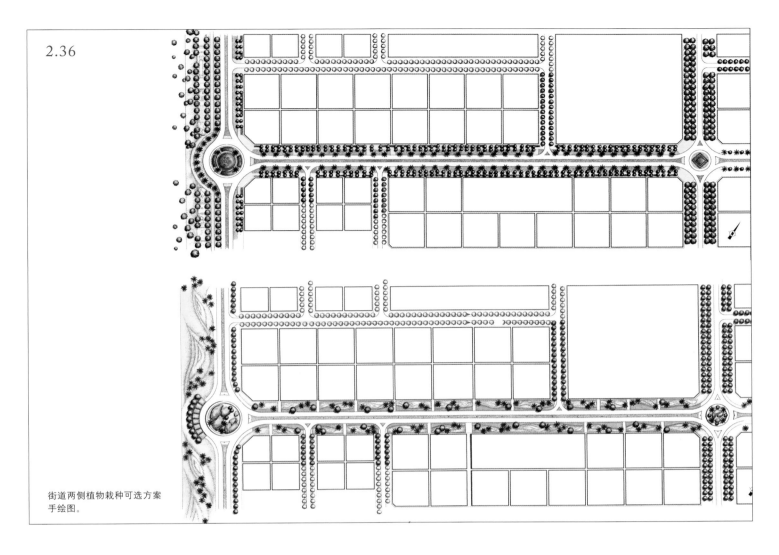

街道两侧植物栽种可选方案
手绘图。

2.37

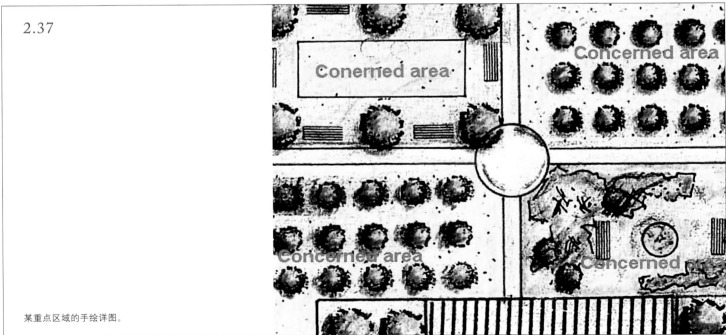

某重点区域的手绘详图。

2.38

某重点区域的手绘详图。

9,0 m　7,3 m　7,3 m　9,0 m

Service reservation　Walkways and Activities with Low Maintenance, DroughtTolerant, Extensive Planting　Walkways and Activities with Low Maintenance, DroughtTolerant, Extensive Planting　Service reservation　Khalifa Town "A"

Distributor Road / II. Category, First Phase Landscaping

Main Avenue / II. Category, First Phase Landscaping

White light MEETING　Yellow light FUNCTION　White light MEETING

9,0 m　7,3 m　7,3 m　9,0 m

Service reservation　Walkways and Activities with Low Maintenance, DroughtTolerant, Extensive Planting　Service reservation　Khalifa Town "A"

2.39

处于一天不同时段的各种道路空间的电脑剖面图。

2.40

广场路边人行道的手绘透视详图。

2.41

街道的电脑鸟瞰图。

2.42 - 44

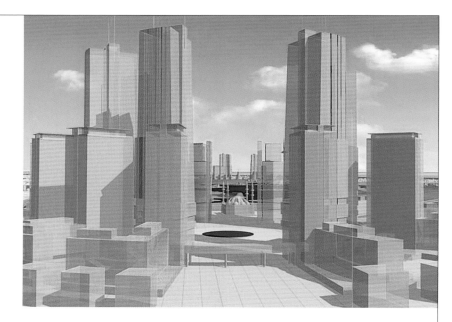

简化的数字模型被用来检验设计效果的差异。

2.45 - 47

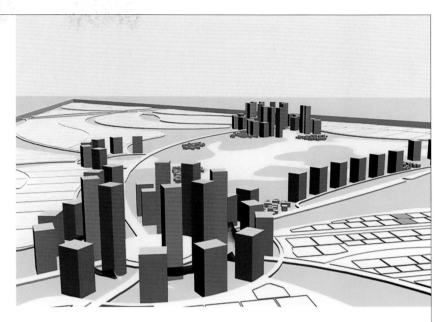

数字模型以不同程度的细节和信息展示设计。
模型是对大规模规划区域的尺寸、比例和外形进
行可视化展示的一种很好的方式。

概念
竞赛

竞赛的视觉表现技法

　　举办竞赛通常是为了找出解决问题的更好方案，这是为实现指定的城市规划或建设项目在功能性、社会性、生态性、经济性和技术性等方面的不同要求的一种方式。由于存在不确定性，设计结果不能仅靠单独的模式如价格竞争等来评价设计结果，所以，采用竞赛这种复杂的决策过程是必要的，竞赛就是多个设计者在智力表现上的竞争。设计任务只有在提交前才能被确定，然而在这个阶段，设计方案的具体概念和具体元素不能被完全清晰地确定下来。在选择设计理念和公司方面，竞赛是一种很好的方式，它比较重视这些建议的内在本质，而不是它们的个别造价，虽然任何一个给定的设计方案的实施花费可能也是一个选择的标准，但是所有公司的智力成果将在平等的基础上用客观的标准评估。设计方案的委托人将为设计者的理念和能力买单。

　　竞赛成为选择风景园林设计方案的一种很好的方式，另一个原因是：这个领域的许多工作很复杂而且没有标准。尤其对于一些大工程，竞赛是发现最佳方案的一种很好的方式。其他学科也经常举行竞赛，竞赛促使高质量的、经济的、创新的方案的出现。竞赛也有助于把园林设计存在的问题和争论公开，以追求高质量的开放空间。最后，也是相当重要的一点，一个公平的竞赛过程比直接授予合同更容易被广泛接受。对于设计者来说，这种民主的方式增加了同观众交流设计思想的重要性。

　　竞赛一般都有竞赛规则，例如它们的专家小组的人员数量和组织形式，也包括设计方案范围及各自的尺寸（通常指提交作品的尺寸），这些使得提交的参赛作品容易被比较。竞赛作品的主要元素是规划图、其他的可视材料和简洁的说明文本，有时也要求有模型。除了时间的限制以外，参加比赛的公司面临的最大挑战就是如何表达他们的设计方案，由于竞赛要求单独的方案和图片必须被安排在指定数量的展板上，不同展板的方案布局必须很好联系在一起，竞赛方案必须看起来和谐统一。参赛公司必须简洁快速地表达他们的设计方案，尤其是在有很多公司参与的情况下。这首先并主要依靠图片和照片的质量来实现。参赛公司提交设计方案的方式更加灵活，允许以视频这一类新的媒介提交。

接下来将讨论三个获得一等奖的参赛作品，当然，其他参赛作品也值得研究。在这里，主要挑选的是获胜者们的那些展现工程在完工以后状况的可视作品，这有助于评估设计所采用的展现方式。

案例1：为实现2013年在汉堡–威廉斯堡举办的国际园艺展而进行的景观设计竞赛

2005年，国际上报道了两个阶段均以匿名方式进行的建筑设计竞赛。48个公司参加了第一阶段的公开比赛，其中9个公司进入了第二阶段的比赛，进一步完善他们提交的方案。这项工作是为2013年汉堡园艺展在威廉斯堡区域完成开放空间和绿色结构建设方面提出概念和详细的设计。在这里，更多的综合性的关于城市发展和景观的设计目标被考虑在内，虽然它们看起来已经超越了开放空间的设计范畴。需要指出的是，城市的创新型发展，提升了威廉斯堡作为易北河中一个岛屿的独特的自然条件（包括它的工业遗址、水域和它作为水果、装饰植物和蔬菜生长区域的历史文化景观）。这个园艺展将成为汉堡未来10年城市发展战略中最重要的事情。所有参赛公司都被要求把方案实施成本控制在预算范围之内。

竞赛第一阶段的任务包括为园艺展览规划出一个整体区域，它应将绿色景观纳入易北河河岸的设计中，同时为展览地点制定出一个初步的园林设计方案，这就意味着要在空间概念的框架内逐步完成设计建议，设计的焦点在于园艺展览公园的中心区域和室内展览区域，其尺寸大约为55公顷。还必须解决这个展览区域的空间分割和展览安排问题，还需要特别设计在会展之后将继续保存的、园艺展览区域和公园之间的连接部分。

第二阶段，入选的公司将着手设计方案的细化，特别强调要提交一个逐条记录的造价评估。从2005年4月22日大会评奖委员会发出文件到2005年11月28日第二阶段的颁奖大会，整个过程仅持续了7个月，最终，这个城市获得了一个很好的未来发展规划和决策。

第一阶段要求两张纵向的德标A0号图和两张横向的德标A2号图，包括：一个比例尺为1：5000的结构性规划，一个比例尺为1：2500的中心区域的场地规划，一个比例尺为1：500的入口区域部分场地规划和它的比例尺为1：200的立面图和剖面图，还有一个没明确规定的展板，再加一个说明文档、区域表面积计算、一个粗略的成本预算。第二阶段是在第一阶段的规划基础上，要求完成中心区域的整体规划和入口区域场地的局部设计，同时要求完成花卉展厅部分的概要设计和详细设计，以及示范区域部分的规划设计、更详细的预算、区域表面积计算和说明材料。

本次竞赛的获胜作品为RMP公司（RMP Stephan lenzen）与费舍建筑设计公司（Fisher Architekten）、彼得·施密茨教授和西伯格及其合伙人设计事务所（Seeberger Friedl und Partner）的合作方案。他们设计的格言是"在80个公园中环游世界——观光者是旅客，公园则是一个旅程。"旅程是设计的主题，其灵感来自于区域的空间结构和威廉斯堡作为到美国旅程的登船点的历史。在国际园艺展的场合下，这些旅程变成了密集型的展览区域的概念性准则。一个以两个主要入口作为旅程开始的环形路线，将全天活动安排中的一个个独立的旅程连接成一个紧密型的公园。"公园作为旅途"这个设计理念基于儒勒·凡尔纳的《环游地球80天》，它把所有游客都置于旅行者的位置上，每段航程都以一段传奇的经历作为它的主题，例如乘坐东方快车从巴黎到北京，或跟着著名旅行者如詹姆斯库克、马可波罗、奥德修斯、歌德的脚步前行，每段航程的园林设计都有它自己的主旨。

这个理念也是为了在园艺展结束后能够继续被使用。把旅程作为中心主题，减少了用作过道的区域的面积，并使它们在以后的某个时刻再次被建设成为可能。它们分散的位置和比较小的规模将有助于以后附近的对其感兴趣的小组使用和维护。

在第二阶段中，比赛的参赛作品由5张德标A0（841 mm×1189 mm）尺寸的展板组成。中心区域的场地规划作为一个平面规划被展示（图2.48），占用一个单独的展板，展板上面部分的内容由紧随的不同视点的透视图（图2.49～图2.51）来表现"旅途"这个主题，后续两张展板的中心区域用较小的比例展示场地局部区域的平面设计，并辅以剖面图。最后的展板（图2.52）安排的是结构性的方案，展出了规划的整体布局，同时安排一些独立区域和重要场地的相似平面图，解释性文本是单独的一栏，被安排在这张展板的另一边。总之，文本数量相对于图片数量是很少的；绘制的规划图包含了所有重要的设计内容，所有展板的颜色和风格很类似，规划图的搭配创造了一个整体的完美表达和一个令人满意的答案。

这个设计一直坚持从整体的外观设计发展到深入的详细设计。设计主要使用不同比例的平面图、剖面图和简图等二维图片，同时配合使用部分三维透视图。在比例尺为1：500的平面图中，阴影区域显示了规划元素（如树和建筑）的纵向效果。浅绿色的基调在设计方案和场景展示图片中占有重要地位，使得其在所有的展板中看起来非常显著，这个颜色的选择显然是这个设计方案能够从参赛作品中脱颖而出的一个因素。

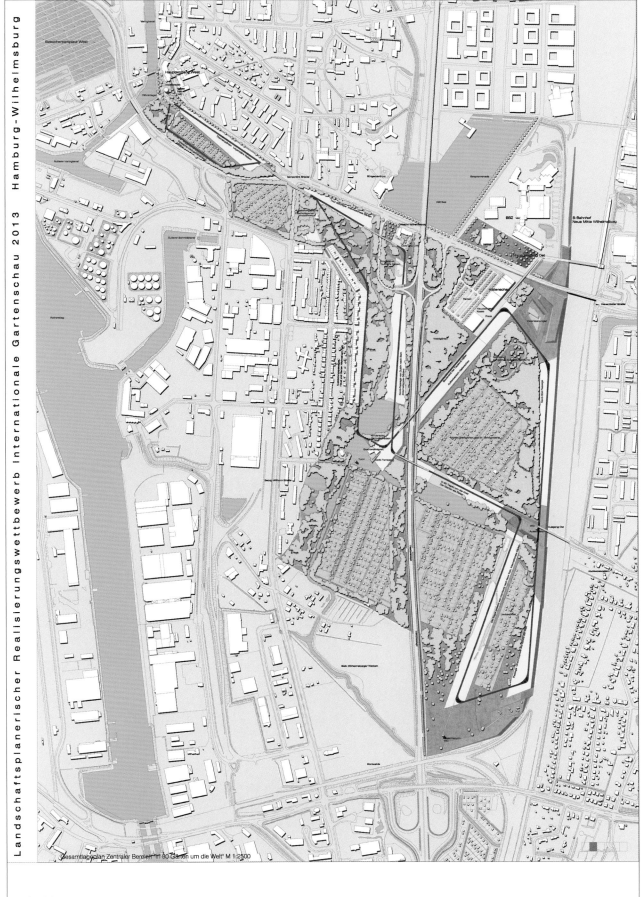

Landschaftsplanerischer Realisierungswettbewerb Internationale Gartenschau 2013 Hamburg-Wilhelmsburg

Gesamtlageplan Zentraler Bereich "In 80 Gärten um die Welt" M 1:2500

2.48

中心区域场地总体规划，由RMP公司绘制。

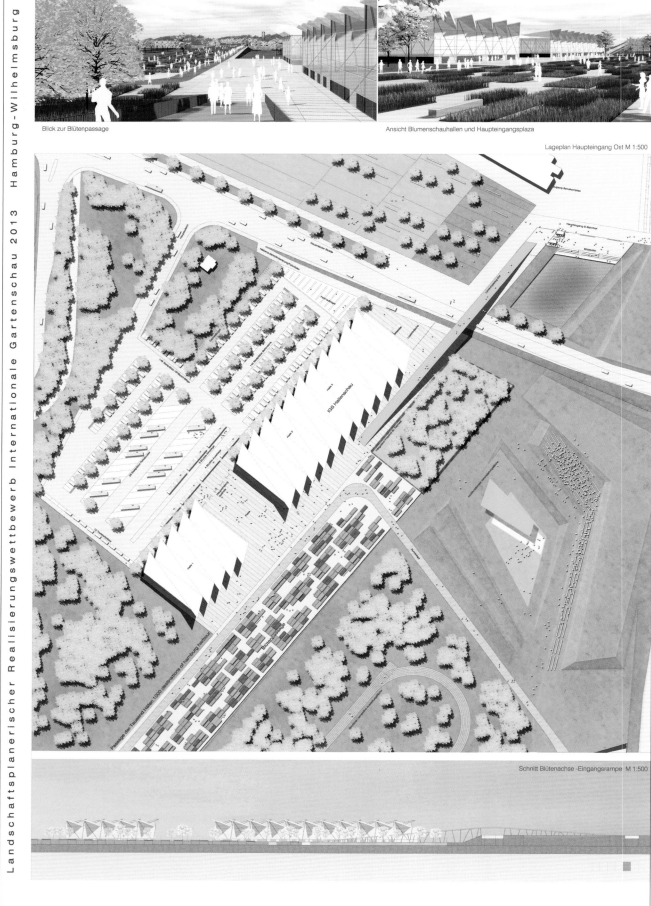

Blick zur Blütenpassage

Ansicht Blumenschauhallen und Haupteingangsplaza

Lageplan Haupteingang Ost M 1:500

Schnitt Blütenachse -Eingangsrampe M 1:500

2.49

主要入口的平面设计、透视图以及花卉走道的剖面图。

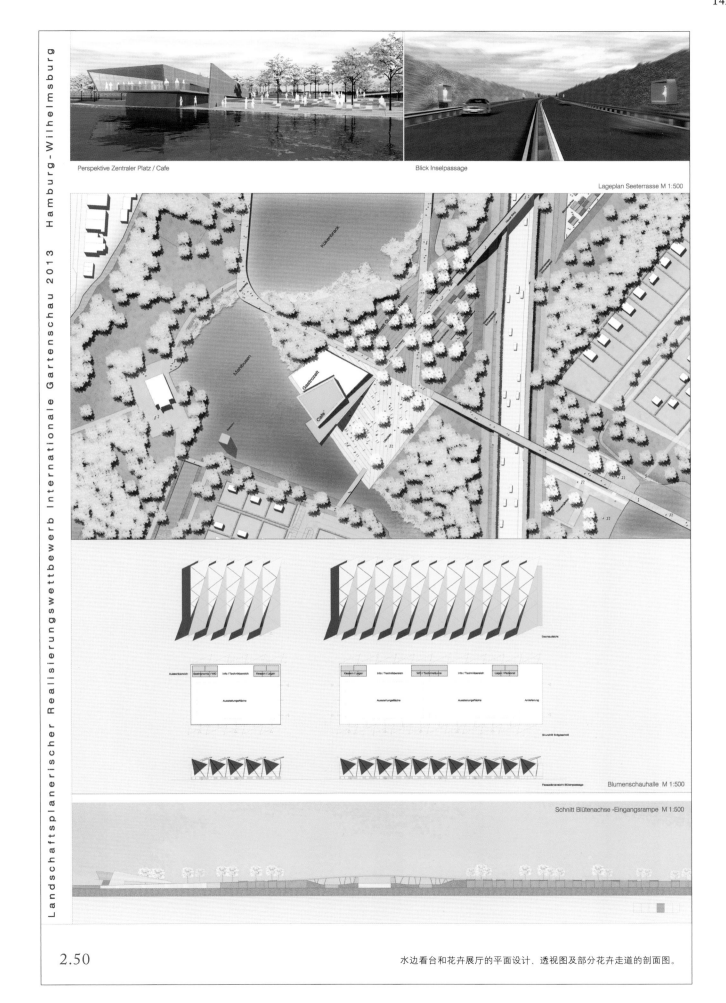

Perspektive Zentraler Platz / Cafe

Blick Inselpassage

Lageplan Seeterrasse M 1:500

Blumenschauhalle M 1:500

Schnitt Blütenachse -Eingangsrampe M 1:500

2.50

水边看台和花卉展厅的平面设计、透视图及部分花卉走道的剖面图。

Inselpassagen - Durchblick

Ansicht Themengarten Segelpassage

Lageplan Themangarten M 1:500

2.51

主题花园的场地规划和透视图。

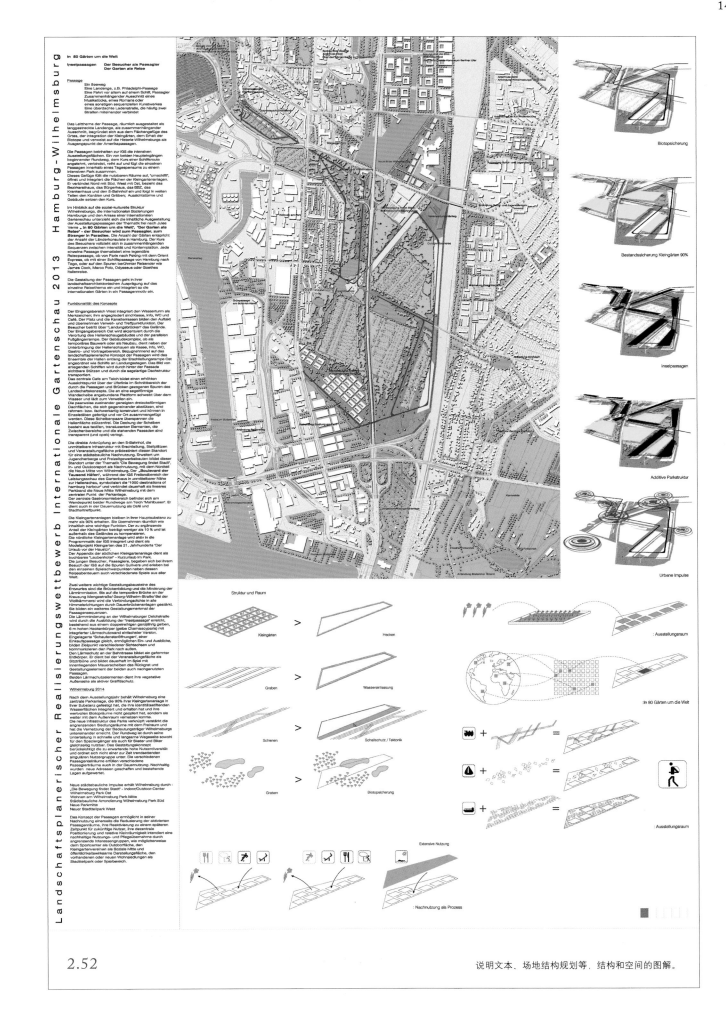

说明文本、场地结构规划等，结构和空间的图解。

案例2：多伦多海滨设计竞赛

2006年，在安大略湖畔3.5平方公里的海滨区域举办了一个设计竞赛。评委会从38个申请参与的设计小组中（包括许多学科的专家）选择了5个项目小组来参赛，这个任务包括使公众通过水上交通能方便到达该区域，赋予皇后码头新的特性，沿海滨开发一条具有历史意义的林荫大道。多伦多关于海滨中心区域（题名为"造浪"）的官方计划是创造一个可自由进入海岸和水域的方案，虽然规划区域环绕整个皇后码头区域，但是计划优先考虑开发位于水域和皇后码头之间的区域。方案的选择标准包括：开发连续的公众海滨散步场所；为骑自行车、散步、走路、沿内线溜冰的人们延伸路线，并进一步开发马丁.古德曼小路；创造性地设计皇后码头和周边码头之间的区域；设计区域要求统一外形和装饰特色，并能持续地提高该区域作为生活空间的质量及其水质。项目设计时间从2006年3月到5月，共6个星期，提交的方案将会在公众场合展览10天，并给公众投票的机会，只有被选出的最好的设计方案才能够获得奖项。

在鹿特丹西8城市和景观设计公司（West 8 Urban Design & Landscape Architecture）的综合指导下，由以下公司组成的设计团队赢得了奖项。它们是TAH（Toit Allsopp Hillier, Schollen &Company）、DSA建筑设计公司（Diamond + Schmitt Architects）、哈尔萨设计事务所（Halsall Associates）、多伦多DDD设计事务所（David Dennis Designs）和纽约阿勒普公司（Arup）。他们预想沿水域和皇后码头的边沿设计一个不间断的海滨散步通道，作为连接城市和湖的林荫大道，这个滨海散步大道被设计为18 m宽的木质步道，由像手指似的浮动栈桥和两排本地大树支撑。成排状的桥连接了木质人行道和码头末端，使人们可以直接进入湖内。除了供行人和自行车通行的道路以外，沿皇后码头即现在种树的地方将创建新的开放广场。设计中的暴风雨及浪涌管理系统和码头的浮桥实现了水域的稳定性，改善了鱼类的栖息环境，并提高了水质质量。

评审委员会根据他们自己的专业知识和相关团体的投票表决，同时考虑到公众的建议（进行民意调查，例如，通过大众论坛和来自6个展览会的公众反应记录），一致同意选定这个设计方案。

这个设计用六张120 cm × 85 cm的展板展现，前三个展板（图2.53~图2.55）表现了这个设计计划的主要想法和基本轮廓，整体设计本身占用了最后的三个展板（图2.56）。简要概述这个方案所涉及的问题和设计想法的文本被放在第一张展板中，这张展板和其他所有的展板一样，大部分是展示设计内容，只有很少的说明性文本。轴测法的表现方式展示了设计者对于重点区域的设计思想，包括18 m宽的海滨道路、能供人行走的形状像枫叶的浮桥、皇后码头与林荫大道之间由道路连接的水漫盆地区域的设计。纲要式的图表展示了设计的基本观点，剖面图被用来

展板1：主要设计理论说明文本、简图轴测图和透视图。

2.53

阐明这个规划方案，场景图传递了这个设计试图实现的氛围。

　　第三张展板利用平面图、照片和其他可视材料展示了规划中的市中心和海滨区域的连接设计，上面还插入了要求的照明设计方案。第4、5、6张展板展示的是基于航空照片的整个场地规划的平面设计，在展板上部的区域被描摹过却仍然能够看见，并在设计范围内被全部重新绘制。

　　这个项目打破了场地规划中一般采用平面图来表现设计细节和独立区域设计的常规，在设计细节和独立区域部分的规划设计中采用了立体的轴测图和透视图。文本主要是作为关键词或标题被添加到图片中，使它们更加容易被读懂。规划的另一个引人注目的方面是它包含大量的细节和技术元素。该设计不是展示最初的规划，而是阐述了场地的独特性，重点展示问题区域的用途和解决方法的技术可能性。这幅用三张连续展板来展现的场地规划平面图，深刻地表述了该区域的尺寸，它由个别重点规划区域的设计和整个项目区域设计共同组合而成。

2.浮动的滨水地区
城市新的浮动的海岸线

3.林荫大道／末端
皇后码头的林荫大道街景及公共空间设计

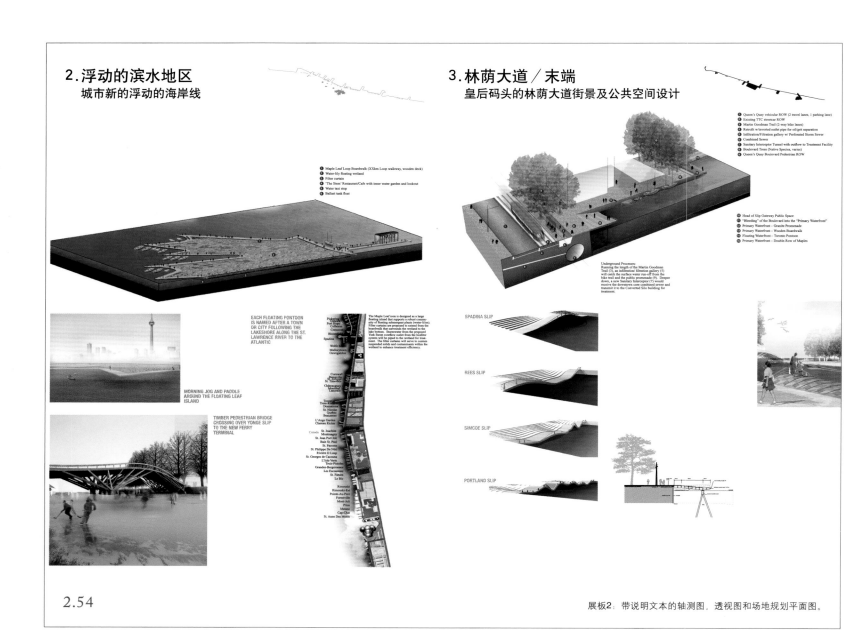

① Maple Leaf Loop Boardwalk (300km Loop walkway, wooden deck)
② Water-lily floating wetland
③ Filter curtain
④ "The Stem" Restaurant/Cafe with inner water gardens and lookout
⑤ Water taxi stop
⑥ Ballast tank float

① Queen's Quay vehicular ROW (2 travel lanes, 1 parking lane)
② Existing TTC streetcar ROW
③ Martin Goodman Trail (2-way bike lanes)
④ Retrofit w/inverted outlet pipe for oil/grit separation
⑤ Infiltration/Filtration gallery w/ Perforated Storm Sewer
⑥ Combined Sewer
⑦ Sanitary Interceptor Tunnel with outflow to Treatment Facility
⑧ Boulevard Trees (Native Species, varies)
⑨ Queen's Quay Boulevard Pedestrian ROW

⑩ Head of Slip Gateway Public Space
⑪ "Bleeding" of the Boulevard into the "Primary Waterfront"
⑫ Primary Waterfront – Granite Promenade
⑬ Primary Waterfront – Wooden Boardwalk
⑭ Floating Waterfront – Toronto Pontoon
⑮ Primary Waterfront – Double-Row of Maples

EACH FLOATING PONTOON IS NAMED AFTER A TOWN OR CITY FOLLOWING THE LAKESHORE ALONG THE ST. LAWRENCE RIVER TO THE ATLANTIC

MORNING JOG AND PADDLE AROUND THE FLOATING LEAF ISLAND

TIMBER PEDESTRIAN BRIDGE CROSSING OVER YONGE SLIP TO THE NEW FERRY TERMINAL

SPADINA SLIP

REES SLIP

SIMCOE SLIP

PORTLAND SLIP

2.54

展板2：带说明文本的轴测图，透视图和场地规划平面图。

4. 来自城市的文化
来自内地的文化线
滨水地区范围内的地景

VIEW FROM UNDER THE BOULEVARD TREES

VIEW EAST ALONG QUEEN'S QUAY BLVD. AT THE MUSIC GARDEN

VIEW OVER THE SLIP HEAD AT INTERFACE WITH THE BOULEVAR

SPADINA SLIP AT NIGHT

LIGHT PROJEC - TIONS FROM THE SLIP-ENDS AT NIGHT

大学林荫道/约克大街:
林荫道是城市的代表，用民族的标志清晰地表达出来，枫树叶，一个新公园用圆柱形木质雕像表现主题。

洋葛街道:
世界上最长的街道以渡口终点和市场大楼结尾，重新构造历史上著名的洋葛码头结构。

加拿大国家电视塔:
新公园利用台阶从加拿大国家电视塔到湖里设计成一个下沉式的纪念碑，在城市和滨水地区建立了崭新的地标。

里斯水路:
典型的加拿大地盾海岸线，河谷折射出一个更加悠远的过去。

港口区:
港口商业中心区边上引入了一组较小的城市细胞。

斯拜迪那:
水中的折射，拱道，栈桥和浮动的餐馆暗示了唐人街向湖内的延伸，一个城市多元文化的标志。

贾维斯街道:
兰德马克研究所如同滨水地区中心的东方式"书挡"。

波特兰区:
加拿大传统制糖设施被翻新改造成水质过滤设施，整个生态过程公开可见。

展板3：单独区域规划设计的透视图、照明设计图、平面设计图以及可视化展现。

2.56

展板4、5、6：规划区域的整体设计被表现在三张总长3.6 m的
大展板上，以大比例的航空照片为基础。
各个展板被非常准确地排列起来。

案例3：纽约高架铁路竞赛

高架铁路是位于纽约西部的一条老铁路线，它建于1929－1934年，其目的在于分离货运铁路运输和街道运输，以提高安全性。这条铁路线穿越22个街区，从第34街区到甘斯沃尔特街区，共2.3公里长，10到20米宽，比街道平面高6到10米，总之，它覆盖了2.7公顷的区域，其构造主要是钢筋混凝土，能够承载两列完全满载货物的列车的重量。

2003年，高架铁路赞助商为了征集市中心公园内的新高架铁路的建议，组织了一个国际性的公开竞赛，并将方案的可行性及经济性等想法包含了进去，来自36个国家的720人参加了该竞赛。2004年，高架铁路赞助商和纽约市政府联合发起了一个面向项目小组的竞赛，项目小组包括景观设计师、建筑师、城市规划师、工程师、园艺技师和一些其他专业人员。竞赛的第一阶段，在52个递交的申请中，选择了7个跨专业团队，有四家公司被要求提交更深入的设计方案，这些设计方案将以某种方式被详细阐述并向公众展示。这些循序渐进的过程的目的是选择能够最终创作出这个设计的项目小组，从这一点出发，能够被实施的实际设计方案将不被讨论。最终由城市代表委员会和高架铁路赞助商挑选出能够创作这个设计的团队，并要求他们专门设计出特定的材料去应对各种问题，例如材料的可利用性、高架铁路和附近建筑物的关系、高架铁路下表面和外形的处理。

由JCFP公司（James Corner Field Operations）领导的项目小组最终在竞赛中获胜。项目设计团队包括下列公司和人员：DSR公司（Diler Scofidiof Renfro）、奥拉福尔·埃里亚逊（Olafur Eliasson）、皮特·欧道夫（Piet oudolf）和布罗·哈波德（Buro Happold）。他们把"什么将在这里生长"作为竞赛方案的主题。他们选择的战略可以用术语"农艺建筑风格"来总结，这个术语是一个包含有机和无机的材料和外表的理念。为同时引进农业和建筑，高架铁路的表面被不同程度地分割成铺砌区域和种植区域，从完全密封的铺砌路面到开放的土地。同时，专门创造了采用间歇接头以允许植物随机生根、生长的混凝土板，这些带着椎形末端的长板被以梳子形状布置在种植区域的范围内，创造了一个没有固定道路的、人们可以在其中自由移动的景观，使得后工业化作为供人们娱乐、生活和成长的场地而复兴。这个"农艺建筑风格"的策略确定了植物生长和用途之间关系的规则，创造了一个由不同比例的野生和耕作区域以及非正式空间和社会空间组成的综合体。这个设计的理念是保持空间的不断发展，因为随着时间的推移，植物会不断地生长和改变。

这个竞赛项目由6张70 cm～90 cm的展板组成，前面的两张展板主要表现个体的设计理念，加上中心文本，展示了土地建筑风格的重要性、定义不同栖息地和空间逗留的方式、植物随时间的发展而产生的变化、生态丰富性和生物多样性的发展（图2.57、图2.58）。该项目综合运用了平面图、轴测图、简图和剖面图来阐明设计想法，也表述了场地发展的不同可能性。第三、四张展板展示了高架铁路的平面图，附加个别区域的剖面图和部分特殊区域的轴测图（图2.59、图2.60）。最后两张展板包含了高架铁路区域的透视图，并描绘了高架铁路同周围环境的关系（图2.61～图2.62）。

什么将在这里生长？

受到高架铁路那深沉、难受控制的美的启发，这里是曾经被开发过的重要的都市化基础设施的一部分，团队将这个后工业化运输场地重组成为一个集休闲、生活和成长为一体的空间。通过改变约定的植物和行人之间的生活规则，我们的土地-建筑风格战略将综合利用有机物和建筑材料来实现场地中野生植物、培植植物、私密空间、公众空间的梯度比例变化。相对于哈得逊河公园的建设速度，这个类似的经验被赋予缓慢、分散和世俗的特征。为了满足不断变化的需求和增加其灵活性，我们建议方案具有可持续性的特征，并且能够随时间而不断变化。

1 **农用土地**的建筑风格：满足不同生物生长需求的灵活可变的物质组织系统。
带有条痕的表面从高密度区域（100%硬性）转变到植被丰富的群落生境（100%软性），其间带有各种各样的实验性梯度。

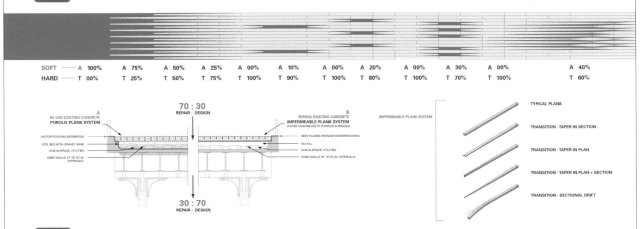

2 以建立各种各样的社会和自然栖息地为目的而塑造硬性表面和结构的方法。
设计一个不间断的单一表面，以先前铸造的单元为基础，将这个表面向下折叠，可以使人穿过高铁结构中比较厚的部分，向上折叠则可以使人穿过该表面，并且不损害"自然保护区"。

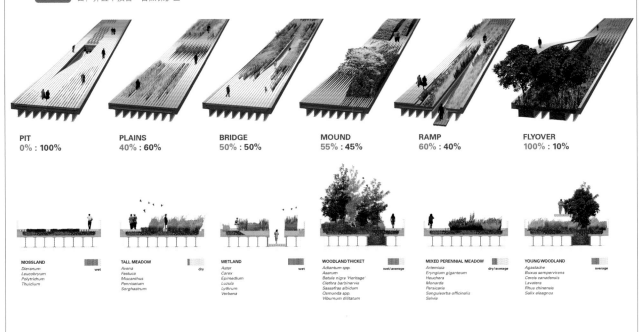

解释性文本，农艺建筑风格的意义（农艺建筑学）和交替改变的封闭区域和种植区域。

3 A SYSTEM THAT IS CAPABLE OF PHASED IMPLEMENTATION OVER TIME.

The surface can be built in stages, working with and around the existing landscape as needed, but eventually overtaking it. Earlier interventions can help activate the High Line: "growing billboards," "hotspot events," and "overlooks."

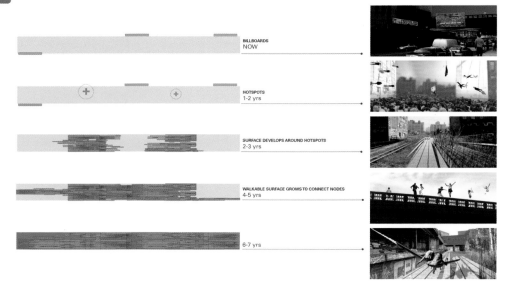

BILLBOARDS
NOW

HOTSPOTS
1-2 yrs

SURFACE DEVELOPS AROUND HOTSPOTS
2-3 yrs

WALKABLE SURFACE GROWS TO CONNECT NODES
4-5 yrs

6-7 yrs

4 A FIELD FROM WHICH MORE INTENSE SPACES AND URBAN ECOLOGIES MAY EMERGE.

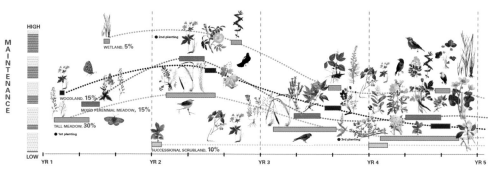

MAINTENANCE

HIGH

WETLAND, 5%

2nd planting

WOODLAND, 15%

MIXED PERENNIAL MEADOW, 15%

TALL MEADOW, 30%

1st planting

SUCCESSIONAL SCRUBLAND, 10%

3rd planting

LOW

YR 1   YR 2   YR 3   YR 4   YR 5

DIVERSIFICATION IN TIME [STABILIZED MAINTENANCE / ENHANCED BIODIVERSITY]

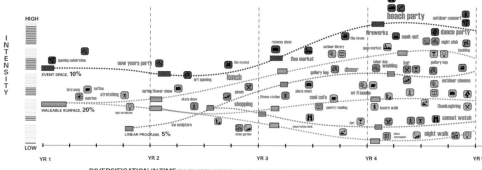

INTENSITY

HIGH

beach party   outdoor concert

fireworks   cook-out   dance party

runway show   night club

new years party   flea market   gallery hop   dinner   outdoor cinema

opening celebration   lunch   wi-fi lounge

EVENT SPACE, 10%

bird song   coffee   spring flower show   picnic   cool cafe   thanksgiving

stretching   fitness station   poetry reading   lovers walk

WALKABLE SURFACE, 20%   shopping   bar   sunset watch

ice sculptures   night walk

LINEAR PROGRAM, 5%

LOW

YR 1   YR 2   YR 3   YR 4   YR 5

DIVERSIFICATION IN TIME [DIVERSIFIED PERFORMANCE / INCREASED POTENTIAL]

THE HIGH LINE, NEW YORK CITY
FIELD OPERATIONS AND DILLER SCOFIDIO + RENFRO WITH OLAFUR ELIASSON, PIET OUDOLF, L'OBSERVATOIRE AND BURO HAPPOLD, ROBERT SILMAN ASSOCIATES, PHILIP HABIB, WILLIAMS GROUP TWR, GJ ASSOCIATES, ETM, DVS ASSOCIATES, CREATIVE TIME, PENTAGRAM, BERNACKAP GALLERY, CODE CONSULTANCE, AND CONTROL POINT

2.58

第一个7年过程中表面区域发展的说明和第一个5年中生态多样性的发展及其应用。

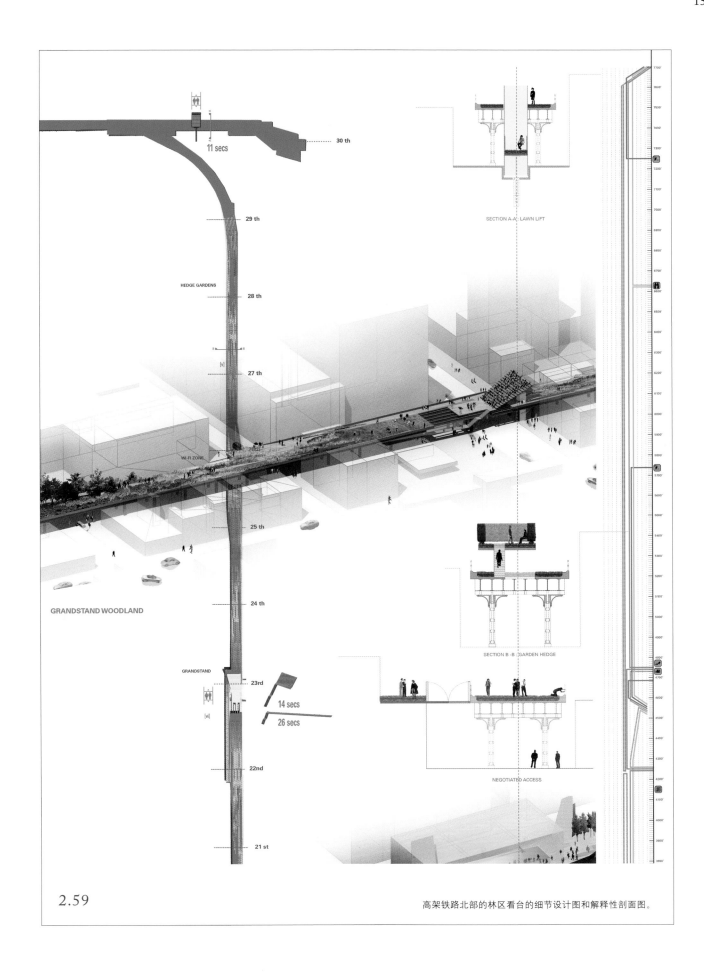

2.59

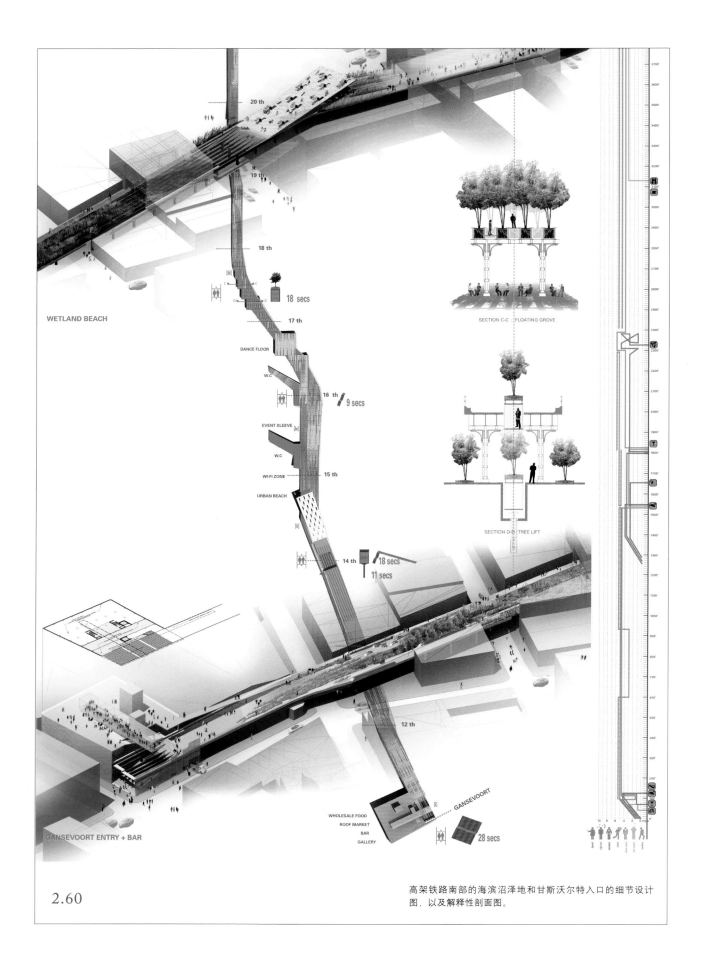

20 th

19 th

18 th

WETLAND BEACH

17 th

18 secs

DANCE FLOOR

W.C

16 th   9 secs

EVENT SLEEVE

W.C

WI-FI ZONE   15 th

URBAN BEACH

14 th   18 secs
11 secs

12 th

SECTION C-C : FLOATING GROVE

SECTION D-D : TREE LIFT

GANSEVOORT ENTRY + BAR

WHOLESALE FOOD
ROOF MARKET
BAR
GALLERY

GANSEVOORT

28 secs

2.60

高架铁路南部的海滨沼泽地和甘斯沃尔特入口的细节设计
图，以及解释性剖面图。

2.61-62

透视图

这个项目的独特之处在于它以一个"什么将在这里生长"的问题开始，在前两张展板（图2.57、图2.58）上展示扇形区域的不同的二维图、三维图和简图就是为了回答这个问题，而不是为了展示针对特殊地方的设计方案。这些针对特殊地方的设计方案被表现在第三、四张展板上，用一个比例很小的图片表现所有的细节设计，同时附加透视图和剖面图（图2.61～图2.62），而把这些图片放在一起就形成了一张复杂的设计图。在最后两张展板中，带色彩的透视图彼此间被无空隙地安排在了一起，这两张展板非常引人注目，因为它们相对于先前的图片采用了不同的表现方式。开放空间随时间进程（一个重要方面）而发生的变化则作为简图在平面图中被表现出来。

第三部分 策略

除了为个别场所制定具体的规划和设计方案，景观设计师一直以来都参与更广泛领域的综合发展，这为复杂项目和方案的可视化表现策略提供了需求来源，不管是过去的经验还是目前的生态挑战都表明，为大多数的居民居住的城市或开放景观做总体规划的必要性。对于地区性的规划，要充分考虑空间和时间因素，包括规划在发展过程中的变化及规划设计文化的变化。同时，时间因素、规划和实施过程中的内在动力也是至关重要的。

通过空间规划来减轻气候变化造成的危害，也是为满足城市发展前瞻性及兼容性的需要，本文将介绍在风景园林规划设计中如何将场景设计及其结果进行视觉呈现的方法。场景设计是一种处理复杂规划的好方法，也可以为利益群体的讨论提供基础。场景设计包括为现实的结果或针对极端情况的预计结果创造可视化的展示和为未来的发展情况建立模型等，进而可以对比受人类活动影响的各种项目的不同发展结果。通过演示实现与非专业人士之间的信息交流，让他们能够了解项目，这些非专业人士中可能就有项目的关键决策人，这样的项目规划能够赚钱，同时也让市民以一种负责的态度参与到设计中去。这种运用到风景园林规划设计中的程序化方法的重要性预计在未来会得到提升。

策略
景观规划

城市化、可持续性景观规划所面临的挑战

    2008年，历史上第一次出现了城市居民比乡村居民多的情况，根据联合国的预测，到2030年，城市居民与乡村居民的比例在同一方向上将会更快变化，尽管总人口数量继续上升，但乡村人口将保持不变或者略微减少，亚洲和非洲城市的人口增长快速，尽管欧洲和美国的人口数量预期保持相对稳定，但这些地区仍然可能面临重大挑战。导致城市扩张的另一个重要因素——人均居住面积也在不断提高。随着这些趋势的推进，基础设施的变革将会在城市中而非乡村中发生，组织城市中的商品和居民活动将会是个挑战，同样，确保开放空间的数量充足而且质量过硬，进而重建或维持增长区域的生态功能也是一个挑战。

    中国是个快速城市化的例子，年城市化增长率大约为1%。目前，13亿中国人中城市居民不到40%，但这个数字在未来的15年到20年里会达到70%以上。协调因生态目的而建立和维护的开放场所与城市化进程之间的关系是中国现在面临的一个关键性问题。一个景观的产生不仅要保护自然栖息地并提供娱乐场所，还要最大限度地保护居民，使他们免受洪水、暴雨和地震之类的自然灾害的侵害，同时要把它作为文化景观的一部分。人们为了农业生产还必须要保留一定量的土地：中国拥有的可耕地面积只占世界的7%，却要养活占世界人口总量20%的人口。

    在一个传统的城市增长进程中，第一阶段要规划出供给系统和重要的功能设施，构筑必要的基础设施建设。由于在早期的规划过程中常常没有充分考虑到保护自然资源的必要性，所以可能导致物种的栖息地被摧毁、安居地受到各种各样的威胁，例如，洪水。特别是在蓬勃发展的中国东部沿海地区，城市绿化空间在现代城市发展进程中起着越来越重要的作用，并且城市公园的数量逐渐增加，然而，这还远远不够，如果要更好地保护、培育和利用重要的自然资源，城市发展规划必须要和更广泛的环境融合起来，这需要有更多的战略层面的规划方法，正如北京土人景观

规划公司为台州市做的模型，其极端不同的自然特性导致该公司使用"负面规划"设计方法，这个方法里包括对于不同程度的城市化的场景设计，并综合生态、社会文化发展规划及经济与城市规划要求。

案例：以生态基础设施建设为基础的中国台州"负面规划"

这里示范的是北京土人景观在规划台州市时所使用的生态基础设施规划方法。以三个不同的尺度表现这个项目，从广阔的地域环境到个别独立的城市建筑。防洪设施、生物多样性保护、文化遗产保护和开放景观等在宏观的尺度上100多平方公里的地区被调查，揭示了该规划潜在的基础条件。然后，这些材料被整理出来，并对这个区域的生态基础设施作了一个基本潜在描绘。规划图中分析了如何使这些生态基础设施融入城市发展规划的空间格局中去，并将其应用于中等的尺度上（10~100 km²的面积）对其进行了分析和修订。另外，图中展示了在微观的尺度上（面积不得超过10 km²的地区）将地区的生态基础设施整合到城市结构中并对基础地块进行编号。

台州位于中国的东南部沿海，浙江省以内，以前以农业为主，现在由于小型私营企业的迅速发展而成为中国发展最快的地区之一。台州拥有9411 km²的土地面积，8000 km²的水域面积以及大约550万的人口。城市人口预计到2020年增至130万人，到2030年增至150万人。由自然水灌溉系统和700多条的小溪和河流组成的渠道网络遍布该地区，上千年以来，它有效地使该地农业免受洪灾的影响。湿地、沟渠、桥梁、堤坝突出了该地的文化景观特征。现代化的台州市是中国著名的水果种植区，柑橘类水果、草莓、水稻、茶叶和花椰菜是其主要的农作物产品，台州的渔业也相当重要。

台州正面临开始于20世纪90年代早期的快速城市化进程引起的生态环境的破坏，湿地已经干枯，河流逐渐消失，部分未置于法律保护下的文化遗产也被破坏，并且这些景观的娱乐及风景特性都已经被完全忽略了。这破坏了当地的水资源平衡，导致了湿地被污染、破坏，栖息地和生物种群多样性面临消失的危险，该地区遭遇洪灾、旱灾和流行病的风险逐年增加，其独特的文化特性处于消失的险境中。重要的是，中国的东南沿海属于亚热带气候，受季风的影响并常常发生台风，是西北太平洋发生台风次数最多的区域之一。台风造成的严重损害，不仅仅源自于强风，还源自于伴随台风而来的短时暴雨，因为这种短时暴雨可能会引发洪水和山体滑坡等自然灾害。

传统上，城市发展规划师运用绿化带使城市景观免受城市无序扩张的影响，但通常都未能实现，主要是因为在城市发展过程中大多数景观被人为地、任意地规划，它们对于城市发展的阻碍远大于对当地生态的积极促进作用。因此，必须确定新的、更有效的规划模式来确保即将受到限制的城市扩张是明智的、可持续的。

规划师曾提出用生态基础设施（EI）来指引和包容城市扩张，EI是由已受威胁的景观要素和具战略意义的区域组成的结构网络。EI的目标是保持自然文化景观的完整性和独特性，保持生态的功能性及其可持续性，保护文化遗产并提供娱乐的机会。城市的发展规划应充分考虑到这些因素而不应忽略所面临的生态条件及生态的需求。正如城市的基础设施提供社会和商业服务一样，EI系统保护具有生态意义的区域和文化遗产，也满足了娱乐的需求。

有三种过程受到EI的特殊保护：
·非生物带生态过程，特别关注防洪和雨水的管理。
·生物带生态过程，包括保护本地物种和生物多样性。
·文化过程，包括保护文化瑰宝提供休闲的娱乐服务。

在地理信息系统（GIS）的帮助下,人们以地图的形式整理出此地区的生态、文化景观和社会经济数据，然后将这些地图都叠加在一起以便于分析。规划一个地区的生态基础设施意味着划定具有重要战略意义的景观结构。结合模型和正确的分析使发展的各个方面都得以控制。为识别潜在的危害物，人们确定了三种危害水平：低、中、高。在叠加的数据集的帮助下，人们在规划和可供选择的EI设计中的每个过程都使用了安全级别，这些也可基于三种质量水平来分类：低、中、高。

在三种可供选择的EI框架结构的基础上模拟了城市发展模式：蔓延改良式、组团式、分散

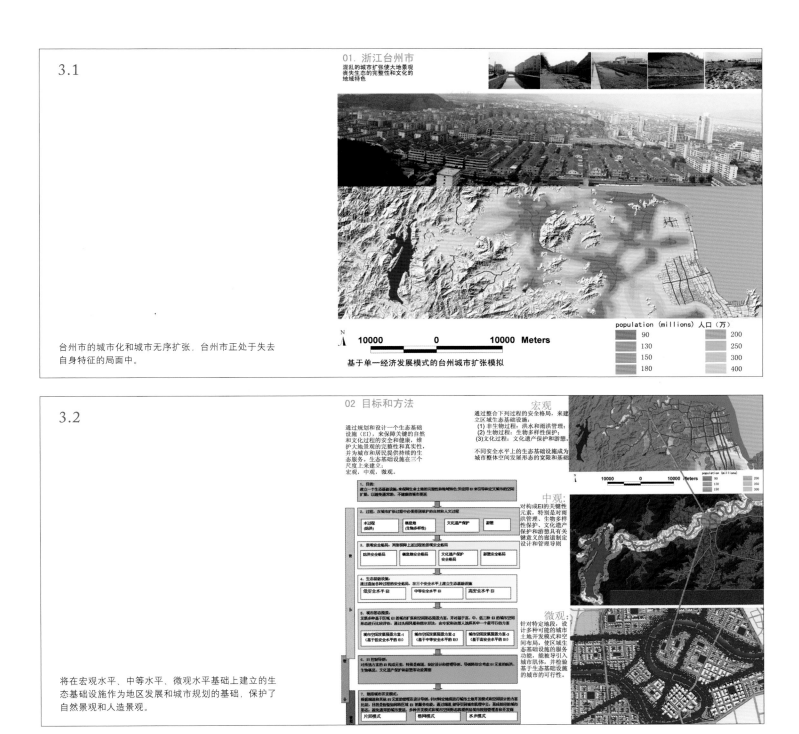

3.1

01. 浙江台州市
混乱的城市扩张使大地景观丧失生态的完整性和文化的地域特色

N
10000   0   10000 Meters

基于单一经济发展模式的台州城市扩张模拟

population (millions) 人口（万）
90   200
130   250
150   300
180   400

台州市的城市化和城市无序扩张，台州市正处于失去自身特征的局面中。

3.2

02 目标和方法

通过规划和设计一个生态基础设施（EI），来保障关键的自然和文化过程的安全和健康，维护大地景观的完整性和真实性，并为城市和居民提供持续的生态服务。生态基础设施在三个尺度上来建立：宏观，中观，微观。

宏观
通过整合下列过程的安全格局，来建立区域生态基础设施：
(1) 非生物过程：洪水和雨洪管理。
(2) 生物过程：生物多样性保护。
(3)文化过程：文化遗产保护和游憩。

不同安全水平上的生态基础设施成为城市整体空间发展形态的框架和基础

N
10000   0   10000 Meters

population (millions)
90   200
130   250
150   300

中观：
对构成EI的关键性元素，特别是对雨洪管理、生物多样性保护、文化遗产保护和游憩具有关键意义的廊道制定设计和管理导则

微观：
针对特定地段，设计多个可能的城市土地开发模式和空间布局，使区域生态基础设施的服务功能，能被导引入城市肌体，并检验基于生态基础设施的城市的可行性。

将在宏观水平、中等水平、微观水平基础上建立的生态基础设施作为地区发展和城市规划的基础，保护了自然景观和人造景观。

式。由各种决策者和各种参与者组成的规划委员会比较了每个方案和它的内涵，决策者最后选择最合适的方案。跟预期的一样，选择的是基于中安全水平的组团式，它被认为是最具平衡性的而且是最容易被实现的方案。另外，"绿化带"作为国内第一个受法律保护的生态基础设施受当地地方法规保护。EI的指导思想建立在选择的发展模式和绿化带上，这些主要涉及绿地连接通道、文化遗产和娱乐设施，其中，绿地连接通道对水管理和生物多样性尤其重要。

根据EI的指导方针，选定面积为10 km²的区域作为可供选择的城市发展模型，目的是在此EI的基础上构想出一个城市。这些模型把生态服务融合到城市结构中，排除了城镇无计划扩张的威

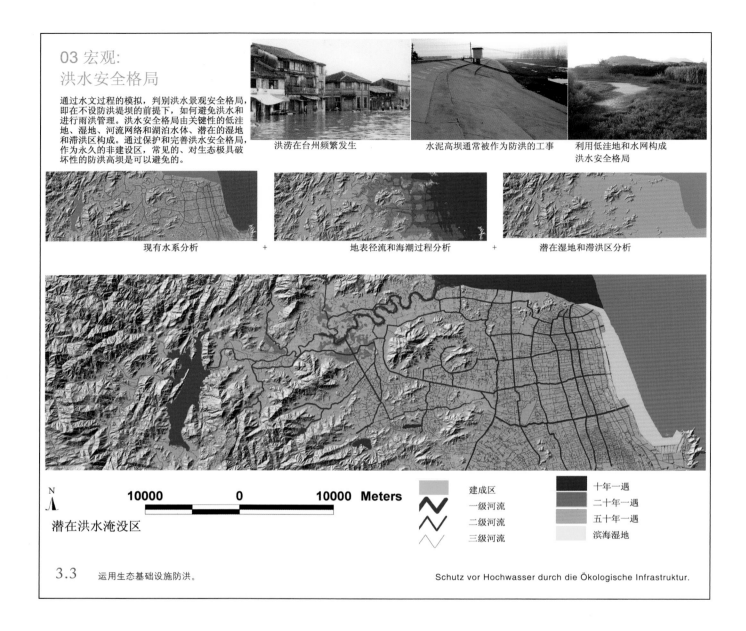

03 宏观:
洪水安全格局

通过水文过程的模拟，判别洪水景观安全格局，即在不设防洪堤坝的前提下，如何避免洪水和进行雨洪管理。洪水安全格局由关键性的低洼地、湿地、河流网络和湖泊水体、潜在的湿地和滞洪区构成。通过保护和完善洪水安全格局，作为永久的非建设区，常见的、对生态极具破坏性的防洪高坝是可以避免的。

洪涝在台州频繁发生　　　　　水泥高坝通常被作为防洪的工事　　　利用低洼地和水网构成洪水安全格局

现有水系分析　　　　+　　　　地表径流和海潮过程分析　　　　+　　　　潜在湿地和滞洪区分析

N

10000　　　　0　　　　10000 Meters

潜在洪水淹没区

建成区
一级河流
二级河流
三级河流

十年一遇
二十年一遇
五十年一遇
滨海湿地

3.3　　　运用生态基础设施防洪。　　　　　　　　　　　Schutz vor Hochwasser durch die Ökologische Infrastruktur.

胁，以便于实现生态和经济的可持续发展。

这个项目最初的状况是用照片和图片（图3.1）表现出来的。上面那排照片显示了改造后的河道、未规划的开放空间和未处理的垃圾堆。照片显示了一个杂乱无章的平原城市，而地图摘录则说明了该地区的人口密集度。这里用可视模式比照显示了EI步骤、EI阶段的说明文本及三种不同尺度的平面图。

在四个规划目标下面的这些图像，独立地展现了各自的内容，它们被叠加在一起以形成一张统一的图片（图3.2）。所有这些图像都采用一个相似的结构，这使得其中的数据能够很容易被理解和比较，也很容易地互相对比，并增强了图片的连贯性。

一个被主要关注的问题是防洪，如图3.3。照片显示了城市的一个洪涝区域、一个人工堤坝和自然湿地。用数字地图模拟了不同等级的防洪设施，并在地形图上画了显著的标识。由湿地、

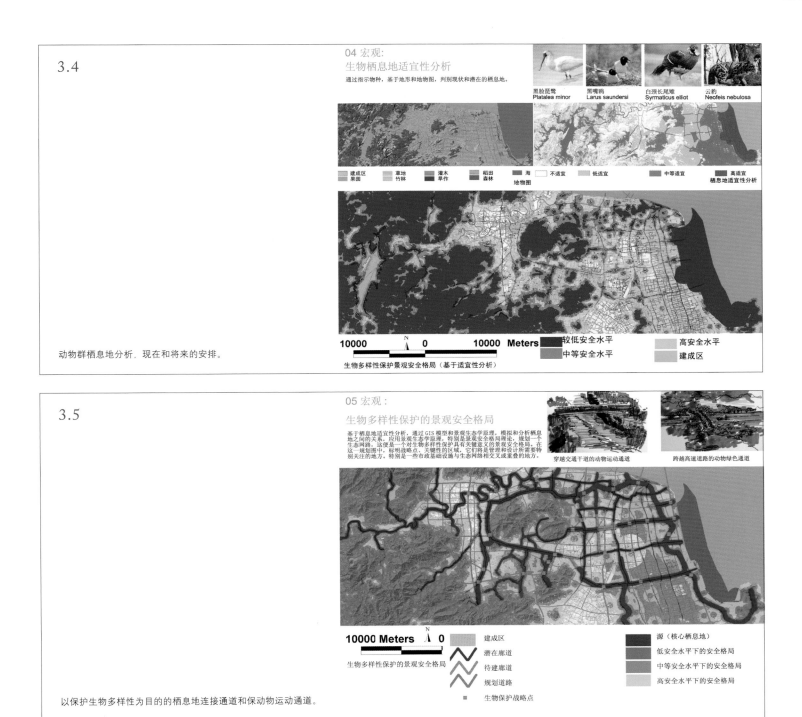

3.4

04 宏观:
生物栖息地适宜性分析

通过指示物种，基于地形和地物图，判别现状和潜在的栖息地。

黑脸琵鹭
Platalea minor

黑嘴鸥
Larus saundersi

白颈长尾雉
Syrmaticus elliot

云豹
Neofeis nebulosa

建成区　草地　灌木　稻田　海　　不适宜　低适宜　中等适宜　高适宜
果园　竹林　旱作　森林　地物图　　　　　　　栖息地适宜性分析

10000　N　0　10000 Meters　较低安全水平　高安全水平
　　　　　　　　　　　　　　中等安全水平　建成区
生物多样性保护景观安全格局（基于适宜性分析）

动物群栖息地分析，现在和将来的安排。

3.5

05 宏观:
生物多样性保护的景观安全格局

基于栖息地适宜性分析，通过 GIS 模型和景观生态学原理，模拟和分析栖息地之间的关系，应用景观生态学原理，特别是景观安全格局理论，规划一个生态网络，这便是一个对生物多样性保护具有关键意义的景观安全格局。在这一规划图中，标明战略点、关键性的区域，它们将是管理和设计所需要特别关注的地方，特别是一些市政基础设施与生态网络相交又或重叠的地方。

穿越交通干道的动物运动通道

跨越高速道路的动物绿色通道

10000 Meters　N　0　建成区　源（核心栖息地）
潜在廊道　低安全水平下的安全格局
待建廊道　中等安全水平下的安全格局
规划道路　高安全水平下的安全格局
生物多样性保护的景观安全格局
生物保护战略点

以保护生物多样性为目的的栖息地连接通道和保动物运动通道。

河流和湖泊形成一个可维持该地区水平衡的网络。保护原生动物、植物和保持生物多样性是另一个重要的目标。图3.4基于一系列的指示性物种，分析了将该地区作为一个潜在的生物栖息地是否合适。

生物栖息地之间的连接通道和跨越障碍的通道体现了最高的发展水平，当地的文化遗产保护也以这种方式被组织起来：分离的区域保护是最低水平；中等水平是区域保护的同时将他们连接起来；最高级别则是实现个体区域保护、区域连接的同时，设置适当保养的缓冲带以包围需要保护的地区。当涉及作为娱乐休闲活动场所的湿地、森林以及文化景观的保护时，可以用同样的方式来评估单独的景观要素是否合适、是否易于利用。

3.6

文化遗产网络规划。

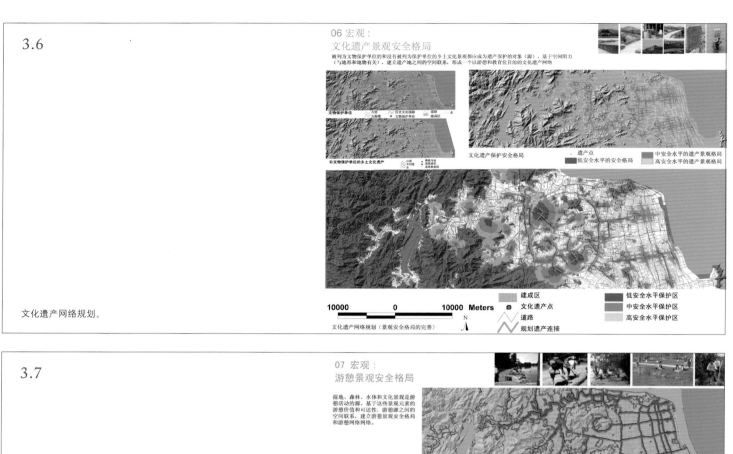

06 宏观：
文化遗产景观安全格局

被列为文物保护单位的和没有被列为保护单位的乡土文化景观都应成为遗产保护的对象（源）。基于空间阻力（与地形和地物有关），建立遗产地之间的空间联系，形成一个以游憩和教育目的的文化遗产网络

文物保护单位   历史文化线路   道路
   文物保护单位   建成区
非文物保护单位的乡土文化遗产

文化遗产保护安全格局   遗产点   低安全水平的安全格局   中安全水平的遗产景观格局   高安全水平的遗产景观格局

10000   0   10000 Meters   N

建成区   低安全水平保护区
文化遗产点   中安全水平保护区
道路   高安全水平保护区
规划遗产连接

文化遗产网络规划（景观安全格局的完善）

3.7

通过保护湿地、森林，来确保水景观和人造景观的娱乐休闲功能。

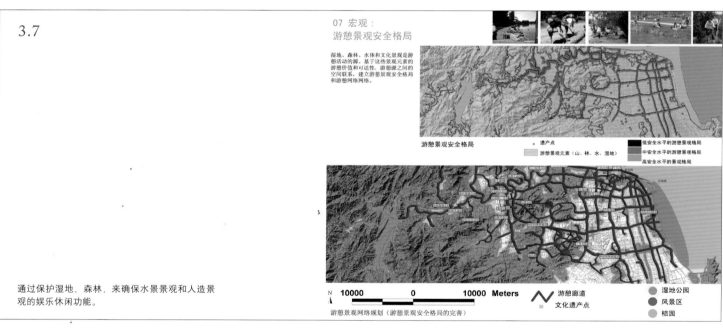

07 宏观：
游憩景观安全格局

湿地、森林、水体和文化景观是游憩活动的源。基于这些景观元素的游憩价值和可达性，游憩源之间的空间联系，建立游憩景观安全格局和游憩网络网络。

游憩景观安全格局   遗产点   低安全水平的游憩景观格局   中安全水平的游憩景观格局   高安全水平的景观格局
游憩景观元素（山、林、水、湿地）

N   10000   0   10000 Meters   游憩廊道   湿地公园
文化遗产点   风景区
桔园

游憩景观网络规划（游憩景观安全格局的完善）

3.8

总体组织图——显示区域生态基础设施。

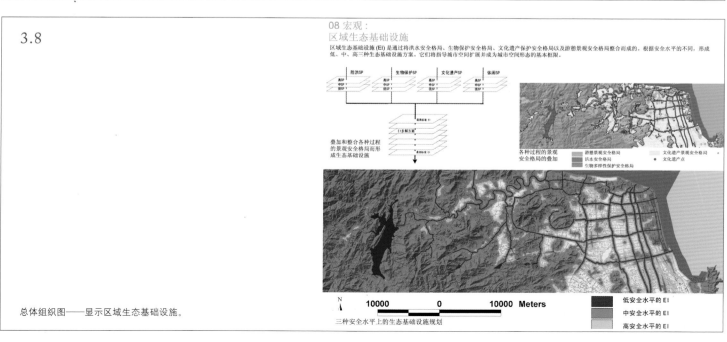

08 宏观：
区域生态基础设施

区域生态基础设施（EI）是通过将洪水安全格局、生物保护安全格局、文化遗产保护安全格局以及游憩景观安全格局整合而成的。根据安全水平的不同，形成低、中、高三种生态基础设施方案。它们将指导城市空间扩展并成为城市空间形态的基本框架。

防洪SP   生物保护SP   文化遗产SP   休闲SP

叠加和整合各种过程的景观安全格局而形成生态基础设施

各种过程的景观安全格局的叠加   游憩景观安全格局   文化遗产景观安全格局
洪水安全格局   文化遗产点
生物多样性保护安全格局

N   10000   0   10000 Meters

低安全水平的EI
中安全水平的EI
高安全水平的EI

三种安全水平上的生态基础设施规划

3.9

09 城市扩张预景：蔓延改良式
基于低安全水平 EI 的城市格局

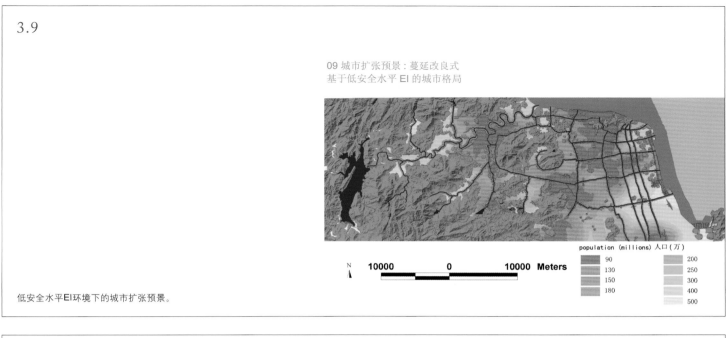

低安全水平EI环境下的城市扩张预景。

3.10

10 城市扩张预景：组团式
基于中安全水平 EI 的城市格局

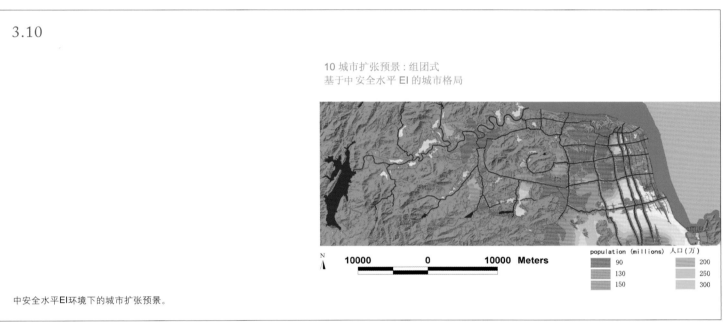

中安全水平EI环境下的城市扩张预景。

3.11

11 城市扩张预景：分散式
基于高安全水平 EI 的城市格局

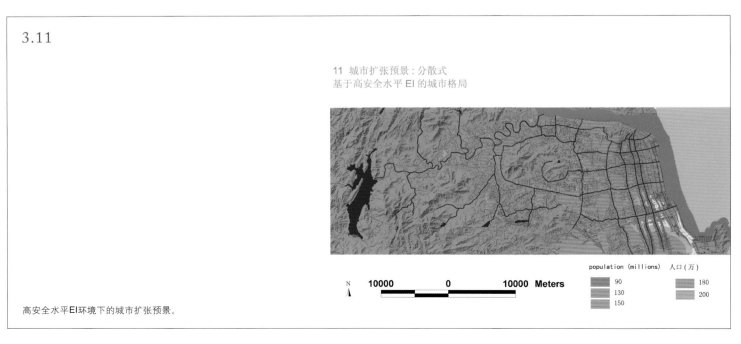

高安全水平EI环境下的城市扩张预景。

3.12

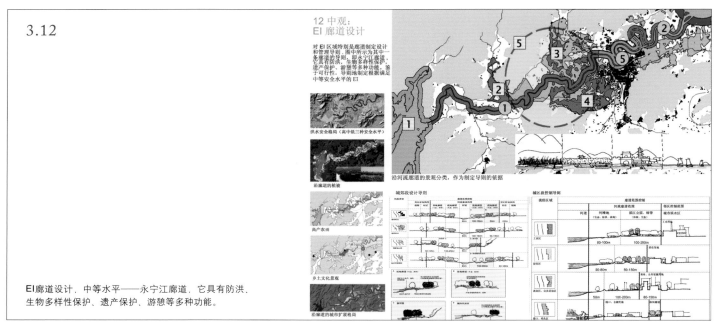

EI廊道设计，中等水平——永宁江廊道，它具有防洪、生物多样性保护、遗产保护、游憩等多种功能。

3.13

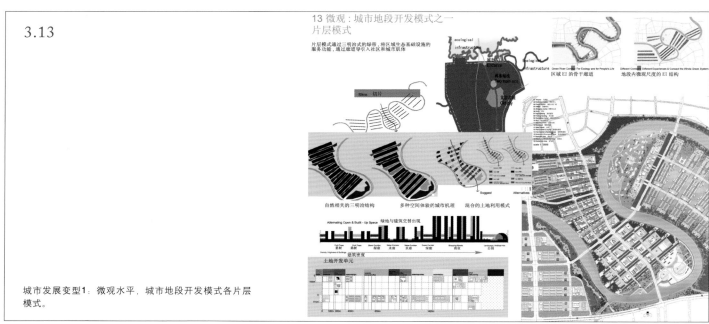

城市发展变型1：微观水平，城市地段开发模式各片层模式。

　　图3.8所示的EI图是由防洪、生物多样性保护、文化遗产保护、游憩等单个的图片叠加而来，为不同个体因素制定的不同保护水平叠加在一起形成了三个不同的EI等级。它们表述了一种这样的情境：限制城市发展的同时为未来城市的规划奠定了基础。

　　总体上，小规模、细节的规划一般基于微观的水平。永宁江至关重要的生态廊道功能性规划是中等规划的一个例子（图3.12）。微观水平（图3.13）用于三种不同的城市规划预景：片层模式、网络模式和水乡发展模式。生态廊道和最后确定的城市功能区是并列的关系，他们都构建了和谐统一的形象。这个系统很容易被开发，它在不断地变化、不断地前进。

3.14

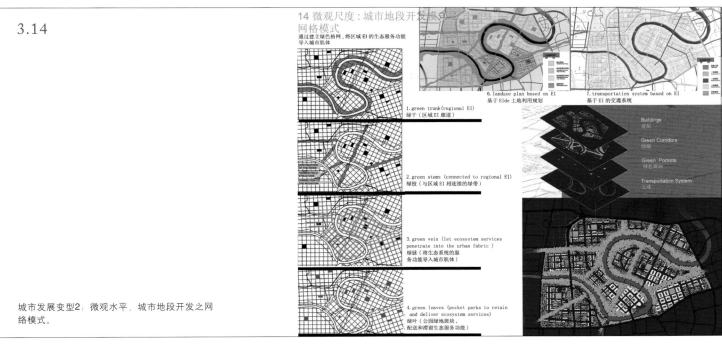

城市发展变型2：微观水平，城市地段开发之网络模式。

3.15

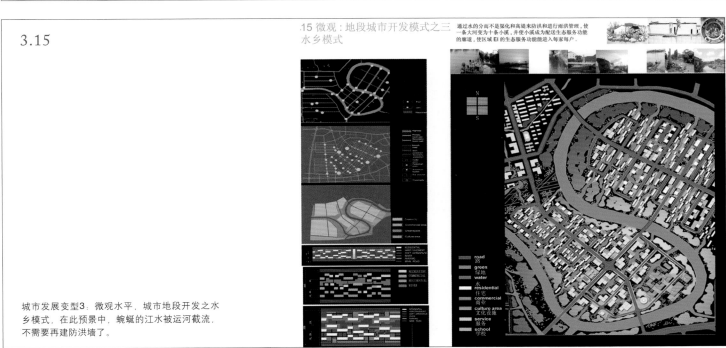

城市发展变型3：微观水平，城市地段开发之水乡模式，在此预景中，蜿蜒的江水被运河截流，不需要再建防洪墙了。

　　"负面规划"的预留城市和区域规划的优势主要是针对快速城市化及其对自然资源施加的不稳定影响而作出的回应。该规划使用了很传统的图表工具：用照片显示目前的状况，用地图表现平面设计。颜色的选择、用地理信息系统来编制规划和地图叠加等方法都很常见，而且为人们所熟悉，这能非常形象地帮助业内设计人员理解图像，这些基于生态因素的规划特点也因此而脱颖而出。

策略
气候变化

气候变化条件下的规划设计

1988年，在首次预报全球气候变化后，世界气候组织和联合国环境规划署共同建立了一个全球气候咨询机构——政府间气候变化专门委员会。气候专家获得的科学调查结果和模型常以表格、图表或者能代表全球的大比例地图的形式表示出来。用气候模型和能源使用预景来预测今后100年的气候发展趋势和可能的气候发展形式，但如果没有经过事先深入的分析，这些信息不可能在单个的城市或城市中的个别区域使用，这种气候分析不可能提供详细的规划信息，他们以类似盘点存货的形式，将地球大气作为对象进行盘点。许多国家都承诺将以符合当地水平的特定措施，控制并减少温室气体的排放量。

对设计人员来说，这意味着要致力于避免（或减少）额外的温室气体排放和适应可预见的气候变化（"适应"）。如何把减少温室气体排放的观点结合到当地规划中，这是目前城市规划要面对的最大挑战。所有的变革最初都要取决于负责部门的努力和公众的广泛支持，为达到此目的，科学见解要用一种大众化的、易懂明了的、直接的方式表达出来，可视化表现方式对于避免额外的温室气体排放战略和应对气候变化战略都有帮助。阐明气候变化给人的一生所带来的冲击是非常重要的，可视化表述中的图片直观、清晰地阐述初步的假设和相应的科学信息，由于这些表述都是预测情况而不是实际情况，所以这些预测情况的基础条件要被全部而且清楚地表述出来。

案例1：雪线的消退

预期的气候变化导致的后果中包括雪线的消退。在"可视土地"的研究项目中，新的计算机辅助绘图工具被用于表述UNESCO（联合国教科文组织）在瑞士的生物圈储备工程——恩特勒布赫的变化，这个项目的目的之一就是促进大众参与到景观变迁的讨论中去。恩特勒布赫除了有秀丽的风景和丰富的动植物，文化景观也有其独特的民族和国际特点，同时它也是重要的旅游和

3.16-18

左上图：目前冰雪覆盖的地区：由于气候变化因素，瑞士索伦柏地区雪线可能有新的起点.蓝色区域代表已实施人工降雪的地区，黑线代表滑雪缆车及雪橇，蓝线代表滑雪坡；

右上图：2100年，雪线已经高1500米。绿线代表雪线，这个预景表明如果从经济方面考虑，绿线以下的区域不再适合发展旅游业。

右下图："最糟糕的方案预景"，雪线高达1800米。
可视图作者:Olaf Schroth

农业基地。通过创建展现调查和描绘景观可视性和功能性的可视化演示来帮助设计者和公众评估不同的景观规划战略的内涵。

Olaf Schroth为这个项目的雪线消退创建了预景。他比较了由瑞士一个社会团体进行的对2100年索伦柏（海拔1500米）的研究结果和另一个案子中对于海拔1800米处的景色的研究结果（图3.16～图3.18）。由于它所隐含的数据不足以展现雪线消退的景象，他采用了可视化方式来表述雪线消退给冬日山景带来的不可避免的变化。

三维透视图可基于建好的数字景观模型来被创建，一旦建立了正确的模型，就很容易描绘不同的雪线变化。使用客观的预测非常重要，尤其对于渐进式使用全球或地区模型来预测本地环境来说。

CALP是一个由加拿大卑诗大学很多学科的研究员组成的非正式团体，他们擅长用可视化技

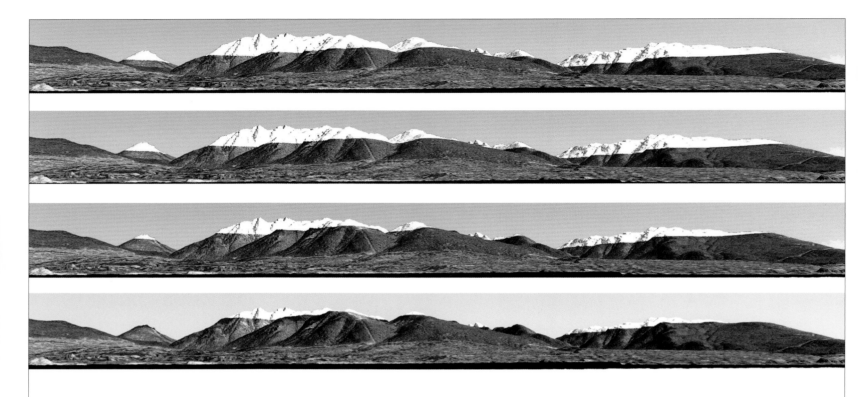

3.19-22

从上至下
2000年加拿大北海岸群山平均雪线大致为759米。
估计2020年平均雪线约至789米。
估计2050年雪线约至920米。
估计2100年雪线约至1074米。
可视图作者：大卫·弗兰德和施蒂芬·舍帕德。

3.23-26

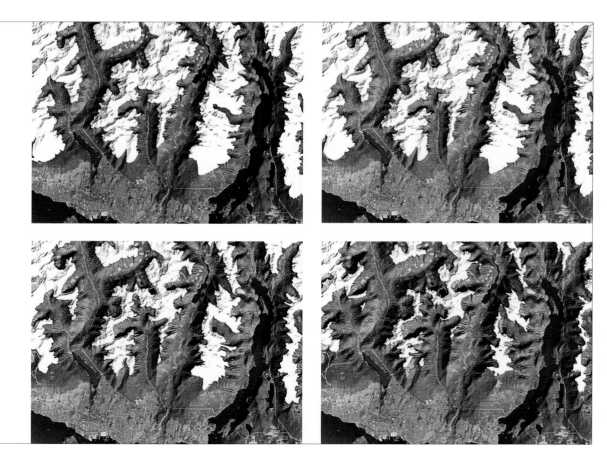

左上图：2000年加拿大北海岸群山平均雪线大
致为759米。
右上图：估计2020年平均雪线约至789米。
左下图：估计2050年雪线约至920米。
右下图：估计2100年雪线约至1074米。
可视图作者：大卫·弗兰德和施蒂芬·舍帕德。

上左：预计加拿大蚊子溪边坡在2020年的情况，其建立在现有基础上。
上右：在不采取任何措施以降低气候变化影响的情况下预计该地在2050年的状况。
下左：在不采取任何措施以降低气候变化影响的情况下预计该地在2100年的状况。
下右：在采取适当措施应对气候变化的情况下预计该地在2100年的状况。
可视图作者：大卫·弗兰德和施蒂芬·舍帕德。

3.27-30

术展现景观、人类对环境的感知、公共性开放空间的管理和景观的持续发展等。为了用可视化技术展现当地气候变化以吸引市民和决策人的参与，这个团体创建了很多令人印象深刻的、吸引人的且易于理解的预景。景观设计师大卫·弗兰德和施蒂芬·舍帕德已经完成了很多包括景观和城市区域的不同项目。

加拿大北海岸群山被预测在2000－2100年间的不同时间点由气候变化引起的雪线消退情况以可视化的方式被演示出来，演示图包括从地平面角度的远距透视图和鸟瞰图。（图3.19、图3.22、图3.23、图3.26）

案例2：城市的无序扩张

图3.27～图3.30显示的是蚊子溪地区北岸上山坡上的不同情况的预景，这些图片对应于IPCC的A1、A2、B1和B2预景组。首先，展现的是从其他地区已发生的许多的事实中推断出来的一个常规发展过程发展到2020年的场景，它从城市的无序发展开始，斜坡的森林被滥伐，期间不断建设开放空间和道路，到2050年，城市的杂乱扩张延伸到森林地区，还包括除去别的原因之外由气候变化引起的第一次森林火灾。在这种发展趋势不变的情况下，到2100年城市的发展更加杂乱无章，生态系统被破坏，森林被摧毁，斜坡的水资源平衡被打破。另一方面，图片演示了在采取适当措施的情况下，在同一年该地区保存完整的景观，森林和溪流的可持续发展、楼房建筑的高度集中。

案例3：城市发展：三角洲和沙滩树林

　　为建立大温哥华行政区（Metro Vancouver），CALP发明了一种方法可以把全球气候变化带来的挑战转化为各个地区所能采取的可能的应对措施。他们使用可视性材料演示几个可能出现的气候变化预景，这些可视化演示是建立在数字景观模型基础上的，这些气候预景来源于IPCC在2001年关于气候变化的第三次评估报告，从根本上来说，有4个不同的预景，这是以空气中CO_2总量来划分的。最优情况是减少了CO_2的排放量，而不好的场景则是"平常的事情"预景，另外两种情况处在这两者之间。大卫·弗兰德和施蒂芬·舍帕德再次联手进行以这些预景为基础的研究，这一次是为Delta社区工作，并创建了此次研究结果的可视演示图，85%的Delta居民在其他地方工作，上下班的往返交通是产生高CO_2排放量的主要原因。

　　首先演示的是该地区在2000年在河畔的具体位置和其周围景观的鸟瞰图（图3.31），就像是从空中拍摄该镇居民的照片。假如全球人口继续增加，经济也持续增长，CO_2排放量为现在的3倍，全球气温将增加3.75℃，海平面将升高58 cm。如果不遏制城市的继续发展，到2100年此镇将发展到洪泛区内，那就不得不建一个水坝来阻止洪灾的发生，如图3.33。

　　城市规划中应对气候变化的最佳模式是综合考虑人们居住和工作的地方，以减少上下班的往返交通，如图3.35。在农业基地上的分散的沼气池和生物发电能产生无CO_2排放的能源，这将会改变城市面貌和其周围环境、城市空间和娱乐设施的管理策略。

　　可视化演示还要继续加进优化，并与最新的气候研究结果进行比较；比如，目前大多数的研究结果表明海平面将会比预测的升得更高，尽管如此，这些图片深刻说明这种阻止气候变化带来的影响对城市造成破坏的规划是很有必要的，而且是潜在有效的。

3.31

加拿大温哥华附近的城市——Delta在2000年的状况。
可视图作者：大卫·弗兰德和施蒂芬·舍帕德

3.32

在无节制的发展模式下突发洪水的情景。

3.33

无节制的发展模式和持续走高的CO_2排放量直在2010年的情况。

3.34

被遏制的城市扩张、较高水平的城内集中度和适当的城区密度。

3.35

有所提高的城市内集中度和减少的CO_2排放量，同时将商业和居民用地以及沼气发电厂和生物发电厂纳入综合规划之中。

左上：沙滩树林社区目前的状况。
右上：这是在人口增长没有往好的方向发展且CO2排放量还在增加的情况下，在2100年受气候变化影响而发生风暴潮的一个预期场景。
左下：在2100年气候变化减缓的情况下，根据气候变化而作的城市规划，水边成排的房子已被种满用于预防洪水的树木的开放空间替代。
右下：低耗能房屋、风能发电工厂和本地化食品生产的发展状况。
可视图作者：大卫·弗兰德和施蒂芬·舍帕德。

3.36-39

位于三角海岸的沙滩社区中的部分区域的现状和在未来不同气候条件下的情景被大卫·弗兰德和施蒂芬·舍帕德以可视化图片（图3.36～图3.39）的方式作了演示。由于比例尺较大，这些图片都比较详细。虽然鸟瞰图像数字化图像那样清楚地显示其中的形象，但它们足以明确地引导人们参与到这个地区来识别出他们所熟悉的位置。它们使用易于理解的而且具有可比性的方式，来展现对不同变化的说明且具有可比性。这些图片的目的是使更多的公众和那些政府和规划责任人意识到气候变化给城市规划和建筑设计带来的机遇。

3.40-41

展现加拿大温哥华Burnaby社
区大街现状的照片。
该照片展现的是坚持致力于减
少CO$_2$排放量的街道可能出现
的场景

3.42-43

一个在斜坡上的典型郊区图
片。如果政府坚持致力于减少
CO$_2$排放量，到2050年郊区可
能发生的变化。
可视图作者：大卫·弗兰德和
施蒂芬·舍帕德。

案例4：城市风光的发展

　　大卫·弗兰德和施蒂芬·舍帕德这种将现在和将来的城市风光并列在一起展示的方式比使用系列图片展示变化的方式更有效。如果以坚持减少CO2排放量为目标并将其付诸实践，那么将会极大地影响预期的变化，在这些预期场景（图3.40～图3.41）中，引入了低排放的公共交通、人行道和自行车道、高密度的建筑以及以避免食品运输中的高里程数和过度使用开放空间为目的的分散的本地能源生产和本地食品生产。这种友好和谐的展示方式可以有效促进城市发展的预期变化。

　　所提出的规划变化不必很惊人，正如图3.42～图3.43所示的典型的郊区模型一样。到2050年为止，光伏电站和电动车辆，更多的当地商店以及利用可能的绿色空间来种植蔬菜等都会减少CO$_2$的排放。这些演示图强调了改变生活方式和城市规划同等重要。这一主题思想如果被制定成法规，或者直接要求人们放弃消费性的生活方式，就很可能变得不受欢迎，但是这些图片以一种更友好的方式展现了这些变化。

　　以此为目的而创立的图像没必要非常漂亮或者完美，因为他们仅能依靠地理数据和建立的假设模型来显示细节情况。他们显示的不是能通过短期努力，诸如建筑变革等就能实现的美好状况，相反，他们是一种传达内涵和表现可能的（必需的）战略的方法。

　　不像具体设计项目的设计图和可视化演示，建立这些可视化演示的主要挑战就是要把基于较宽范围的图片里的科学信息转换成具体的建议，并把它以一种更适合的规模描绘给社区居民。

　　图像中表达的建议和对比必须足够具体反映不同场景的优点和缺点。而这些可视化图片必须保持其原有的可识别性，它们展示的是可能出现的状态而非实际情况。

策略
预景

城市发展的规划设计的基本方法

　　根据预测，城市将在未来的几十年中持续发展，需要重点考虑的是继续沿过去的方式发展或是改变发展重点的顺序。一般情况下，由于对居住区和工作区域需求的增加，城市建筑的发展速度比人口的增长要快。居住和工作混杂的城乡结合部的城市化进程也在加速，全球化背景下的大型工业、商业快速发展，在这个区域占用了大量的土地，加速了这一进程。城市发展给城乡结合部带来的负面影响比较严重，但它仍是为城市提供食品、能源、水源和建设材料的重要区域。这个城市化进程需要长期的、可持续的、能提升其潜在优势的土地规划。

　　这是一个前所未有的艰巨任务，需要规划设计师发挥其应有的作用，其规划在满足城市的各种需要的同时还必须对未来的发展情况进行综合规划。虽然一个在20世纪50年代就拥有超过1000万人口的大城市会给人留下很深刻的印象，但城市化主要发生在相对较小的城市。过去的观点认为城市化会导致人口的过度集中，现在看来这个观点是不可取的。虽然城市化会带来环境问题，但是如果正确认识并努力克服这些问题，它们将拥有巨大的发展潜力。一般认为小城市可以相对容易地解决城市化过程中的典型问题，但是到现在为止，这些问题实际上仍然没有被解决，要解决这些问题，需要一支具有创造性思维和长远眼光的管理团队，需要处理好如何在城市空间中规划建筑、开放空间、基础设施及服务设施，如何设计建筑结构及户外空间，如何利用能源与原料，以及如何选择交通方式等一系列问题。

　　可视材料的展示能吸引大部分的居民积极参与到对未来城市的规划设计中来，并积极寻求具有创造性的解决方案，用图片展示城市规划的方式引起了广泛的关注，而利用行政手段或政治讨论不可能实现这个目标。如果市民们能充分了解相关的进程并亲自参与到活动中来，他们则普遍会对城市的未来发展非常感兴趣。政府当局可以适当地展示一些可视材料来吸引市民参与到对于问题解决方法的讨论中来。

案例：佩思市的发展预景

澳大利亚佩思市的规划项目创造性地描绘了一个在城市化进程中实现城市及其景观的高度综合发展的方式。将"城市生态足迹"作为其设计标准，包括居民用水供应、土壤质量和气候变化控制以及全球化带来的积极影响（利用广泛的技术和收益）。

佩思市现有150万人口，由于经济的繁荣和大量外来的人口，人口数量在2050年将翻一番。这不仅仅意味着房屋建筑数量的倍增，也表示城市的基础设施的总容量也要翻番，在未来的2041年将要实现过去179年的发展结果。

现在的佩思市，面积有10万公顷，170公里长，是世界上面积扩展速度最快的城市之一，88%的土地是居住地，大多数的居民分散生活在郊区。由此而带来的生态问题就是其有限的土地如何满足人们生产和生活的需要，这也是一个世界性的问题。政府已经出台了截止到2032年的被称为"网络城市"的可持续发展规划，旨在限制城市的无序扩张，并积极应对气候变化和水资源浪费、石油及其他资源短缺等问题。虽然这个计划确立了一系列的原则和目标，但是根据设计师理查德的观点，该计划仍然存在诸多缺点。计划中的建议无法长期持续下去，它的指导方针建立在城市无序蔓延的基础上而且没有其他可供选择的观点，批判的焦点在于其缺乏计划和对于未来发展状况的可视化展示，由于这个原因，它无法吸引人们的关注，业内人士和大众都对如何实现规划中文字描述的内容感到非常迷惑。

带着明确的目标去创作适当的可视化材料来展现城市发展的预期场景以吸引大众的参与是理查德和他的团队设计理念的出发点，他们利用测试和试验的规划方法并与城市景观规划和城市规划相结合，采用的时间范围比城市规划框架中更为宽松，目的在于设计多个预景来描绘这座城市在2050年可能出现的状况。

在对景区现状的初始综合分析中，作者就明确指出，从生态景观的观点出发，需要118 000公顷的土地才能满足城市的未来发展，这些土地不能是陡峭的山地或可能被洪水淹没的地方，必须是已经清理好的质量不必太高的地方，其中不包括沼泽地、水畔地带、有自然植被的地区或对地下水恢复很重要的区域，这些地区有很少的或者完全没有农业用途，如果以中等密度在这片土地上建造住房，计划每公顷建12座房子，每个单元住2.3个人，那么可以很容易解决这个城市未来人口翻番的问题。然而，从中心城区向外延伸120公里，将导致私家车数量的增加，从而引发交通堵塞的问题。如果不作进一步的规划，很可能导致佩思市的过度开发。下面要描绘的是其他可供选择的预期场景。

在7个预景中，有四个涉及的是城市沿着现有边界向外扩张的情况，其余三个表述的是在现有的城市范围内发展的场景。预景使用城市发展的理论模型或通过"引入新的可能性"这种方式来阐述规划的。

第一部分预景是允许居住区向现有区域以外扩张的情景。

"食物城市"是基于弗兰克·劳埃德·赖特的广亩城市规划（1932年到1958年一个美国乌托邦式的城市规划）而建立的一个预景。虽然低密度建筑和依赖汽车的交通模式可能造成不好的影响，但是在农业区域上兴起的居住区、工业区域减少了城市生态足迹，特别是在城市粮食自给自足的情况下更加明显。假设按欧洲农业的生产水平，300万人的粮食需要6万公顷的土地来生产，在118 000公顷的土地上需要保留58 000公顷的土地来养活150万的人口，需采用每公顷有15座建筑物的中等密度来规划建筑用地。这对于"广目城市"的概念更具实际意义，并且是现有佩思郊区平均建筑密度的3倍，这个规划也包括公共交通线路的规划，使其他能服务于现有的郊区民众。

在图3.44所示的鸟瞰图里加入一位戴帽子的观图人，就像是创建这个预景的作者弗兰克·劳埃德·赖特的肖像，这也表明这个图片是一个意想的模型，但是置于地平线上的"SCAPE"字样让我们注意到这儿所描述的景观是依据设计而言的。这幅基于1:1比例尺并且附加了种种内容的预景图片中所示的思想是不合需求的并且不可能被付诸实践。

在1898年被第一次出版的《花园城市》运用了埃比尼泽·霍德华的设计思想，霍德华设计了被农业绿地包围的、紧凑的、较小的城市单元（图3.45）。在这个规划中，每个花园城市都特定为404公顷，被2020公顷的农业区域包围，每个城市设计容纳32 000个居民，建筑密度为每公顷40座建筑物。为了适应未来的发展，佩思地区需要48个这样的花园城市；用铁路将各个城市连接起来。建设花园城市最有利的位置是在原来可用的118 000公顷以内，它们需要19 329公顷的土地，余下的土地可以被用来进行公园建设、农业种植、森林培育以抵消城市的碳循环或进行生物栖息地的营造。

3.44

"食物城市"是综合农业、工业、居住的预设场景。

3.45

在现有城市的周围规划"花园城市"的场景。

在鸟瞰图里，被设计成居住空间的花园城市的外形为圆形，它们以一种相对杂乱的方式分布在城市区域内，并且以新的、独立的和一致的方式出现。插入的蜜蜂图像，不如第一个案例明显，看起来更符合观赏者的想法，作者用它再次强调了图片是预设的极端场景，并非细化且完善的设计提案。

提案中的花园城市及其面积和居民数量被逐个清晰地展示出来，他们的面积和居民数量是一样的，如图3.46。说明图采用圆形的区域来表述花园城市，这是单个非典型地描述一个地区或者城市的方式，但它的确非常适合展现花园城市这个设计理念。在所有的图片里，建筑区域和道路都能被辨认出来，但有一个地方例外，它展示的是一个在放大镜下的内容——一位古罗马的优秀建造师用他的谋生工具正在建造一座新的城市。只有当放大并且仔细观察这个图片时，它与其他图片之间的区别才变得明显。

"海洋改变城市"的预景图片展现了"城市沿着海岸线扩张，150万新居民居住在靠海的独立别墅中"的情景——这是很多人的梦想。沿海岸线两公里宽的城市扩张带被展现出来，如图3.47、图3.48。居住区离大海不超过25分钟的路程。使用每公顷建设12座建筑的低建筑密度，城市将被拓宽600公里，将火车或者水翼船作为交通工具，由以风力为能源的海水淡化装置来提供淡水。这种城市一方面必须建在高处，以防止由于海平面上升而导致的房屋毁坏，另一方面需要建立在现有等高线的基础上。

鸟瞰图强调了城市的极限扩张。岸边、海洋和天空被写实地描绘出来。第一幅图中将一个飞翔的鹈鹕的形象附加到了这幅图的边缘部分，从而创造了动感效果。第二幅图采用更简化的、更一致的插图模式从更近的视角展现了城市发展，它展现了基础设施、供给管线、市中心、以风力为能源的海水淡化装置、水翼船行驶路线等内容。图片中加入一个像是在城市上空飞过的飞艇，它在城市中扮演的功能角色还不清楚，但是这个形象能够帮助说明这幅图片的比例尺和视角的距离。

"树木改变城市"：这种情况是考虑到有可能不是所有的居民都希望住在海边。一部分居民定居在弯曲的艾芬河旁，拥有120万公顷的可耕种区域，这个地域可以吸收佩思市排放的CO_2。它也包括一个"太阳能森林"：100 km^{2}的太阳能电池板，可提供截止到2050年佩思城市所需的能量。这些图片（图3.49、图3.50）展现了城市的扩张区域和耕种区域。另外，鸟瞰图展示了城市的扩张区域、具体位置、耕种区域和太阳能电池板区域等。在这幅图片里，我们第一次清晰地看到了该地区的尺寸。

3.46

在"花园城市"设计场景中布置了48个花园城市，每个城市中有32 000户居民。

3.47 　　"海洋改变城市"，城市沿着海岸线发展。

3.48 　　"海洋改变城市"。

在前四种假设场景中，城市的扩张可以超出目前的边界，但并不是无规划地杂乱扩张。第二组图片展现了在现有的区域内城市发展的可能方向。目前，城镇边缘的23 000公顷土地被标记为居住发展用地，如果保持每公顷12座建筑的低建筑密度，这些空间可容纳提供634 800名额外的居民，要规划更多的居住单元意味着增加建筑密度。这些情况就是假设这23 000公顷的土地建设完成后，还需要可供865 200名居民使用的额外的居住空间。

"天空城市"、"河城"和"海城"这三种预设场景是对应城市新居住区的发展重点来命名的：海边、河边和城市中心。这三种发展都将会增加城市的密度，人们普遍不喜欢增加城市的密度，这些规划也使居民意识到这种变化的可能性和必要性。

"天空城市"：在这种假设场景里，允许增加建筑密度和高度，但都是在最受欢迎的位置。这些图片不是展示个体建筑的设计，而是描绘了建筑密度：每公顷250个居住单元。预计建设三个这样的城市，它们都位于原来城区中环境优美的地方，可容纳45万人，建筑高度都在20层以上。在图3.52中所示的鸟瞰图中，城内的这些高大建筑好像石柱一样。在图3.51中，这三个被选择的区域用以平面图为基础的城市模型被展示出来。勒·柯布西耶的肖像显示在图的右上角，好像这个城市的建设就在他的工作计划里，勒·柯布西耶在1933年出版的《辐射城》中提出了"辐射状城市"的原则，这种预设场景就是以它为基础的，台灯加强了这种象征性意义。跟其他的预景图一样，插入的图像表明了场景的非真实性。

在"河城"里，高密度的城市区域被规划在河边，这是一个很好的居住区域。在两幅不同的展示图（图3.53、图3.54）的第一幅图片中，城市沿着两条与河道平行且保持适当距离的道路伸展开来，这为居民提供了良好的交通网络和美丽的河流景观。这种城市布局采用每公顷250个居住单元的建筑密度，将会为50万的居民提供居住空间。

在城市的平面图上，用红色的区域表示这个带状城市，用蓝色强调水域。沿河分别标识出栈道、码头和桥。在鸟瞰图里，用红色表示这些高度发展且紧凑的城市区域，用方块表示建筑组合，用绿色表示海边和河边的休闲娱乐区域，用地形线覆盖城市被地形线覆盖，并且将目前的城市区域明显地标记出来。

3.49 ″树木改变城市″，发展耕种地区来平衡佩思地区的碳循环。

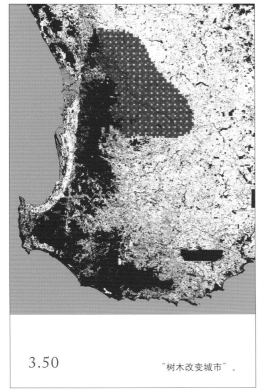

3.50 ″树木改变城市″。

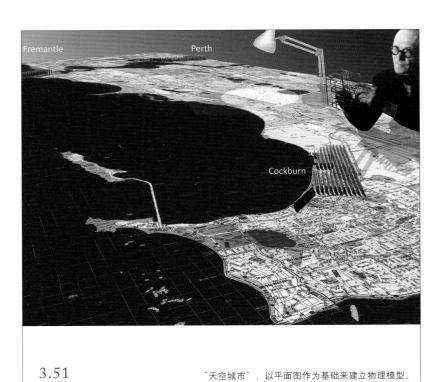

3.51 ″天空城市″，以平面图作为基础来建立物理模型。

3.52 ″天空城市″，带有高度会合效果的鸟瞰图。

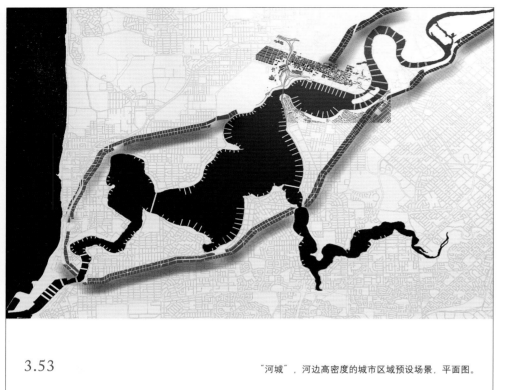

3.53   "河城"，河边高密度的城市区域预设场景，平面图。

3.54   "河城"，鸟瞰图。

3.55   "河城"，天鹅河边的城市发展和河上的"居住桥"的建设场景。

3.56   "河城"，涉及河边码头建设的可选发展变型。

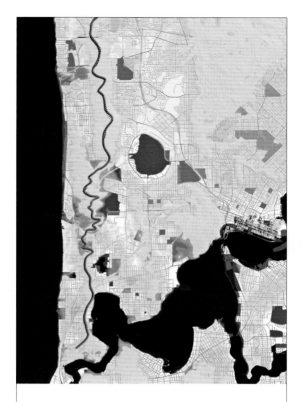

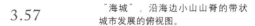

3.57 　　　　　"海城"，沿海边小山山脊的带状城市发展的俯视图。

3.58 　　　　　"海城"，平行于海岸线的山脊上的一系列高层建筑的变形，透视图。

　　图3.55表现了"河城"预景所涉及的河边码头和桥的发展规划，这个规划将会加强城市和河流的联系以便使城市更具活力，但是这个方案只能解决50万人的住房问题。这个设计的鸟瞰图（图3.56）从一个合适的距离展示了城市，并用白色结构展示了建筑和桥，由于视角的选择，它们都位于图片的一侧。另外，河边间隔规划的码头以远距离的视角被展示出来。

　　"海城"的预景展现了佩思市海滨的发展情况，它大约160公里长，并且尚未被充分开发，海岸线在地图上被用红色线条表示出来。由于水边高密度的发展方式不太受欢迎，所以预计将在沿海山脊上的一个非敏感区域中建设一个带状城市，如图3.57、图3.58。

　　和考虑环境情况、水源等一样，这个预设场景考虑到目前工业结构所能提供的选择，其目的在于促进当地的文化和经济的发展。描绘极端场景的目的是为推理提供清晰的图片。在其社会、生态和经济含义被充分理解之前，需要提供更细节化和更人性化的图片，这也有助于鼓励居民参与到关于城市未来的公共讨论中来。这个大规模的规划设计表明规划设计师在解决城市未来发展问题的过程中将处于主导地位。

Bildnachweis

Cover SLA, Kopenhagen, Dänemark

Seite 8 Dr. Gabriele Holst, Landschaftsarchitektin
Berlin, Deutschland

0.1-5 akg-images

0.6 Stiftung Preussische Schlösser und Gärten
Berlin.Brandenburg, Planslg. 3674

0.7 Stiftung Preussische Schlösser und Gärten
Berlin.Brandenburg, Planslg. 3705

0.8 Architekturmuseum TU Berlin, Inv. Nr. 19296

0.9 Architekturmuseum TU Berlin, Inv. Nr. MK
10-008

0.10 Architekturmuseum TU Berlin, Inv. Nr. MK
10-011,1

0.11 Architekturmuseum TU Berlin, Inv. Nr.
40421

0.12 Architekturmuseum TU Berlin, Inv. Nr.
27294

0.13 Architekturmuseum TU Berlin, Inv. Nr.
27290

0.14 Kamel Louafi, Landschaftsarchitektur, Land-
schaftskunst, Berlin, Deutschland

0.15 Adelheid Rosenkranz, Landschaftsplanung
und Geo-Allchemy, Miltenberg, Deutschland

0.16-18 Inga Schröder, Dipl.-Ing. Landschaft-
sarchitektur, Zürich, Schweiz; aus: Erarbeitung
eines Freiraumkonzeptes für eine neu entstehe-
nde Wohnbebauung in Horgen am Zürichsee.
Diplomarbeit Hochschule Neubrandenburg 2008

0.19-24 Turenscape, Beijing, China

0.25 Neumann Gusenburger, Berlin, Deutschland

0.26-28 CBCL Limited, Halifax, Kanada

0.29 Gustafson Porter, London, Großbritannien

0.30-31 Heavy Meadow, Principal: Abigail Feld-
man,
New Orleans, Louisiana, USA

0.32 Abigail Feldman

0.33-34 SLA

Seite 30 Gabriele Holst

Seite 33,35 Jan und Jens Steinberg, Landschaft-
splanung, Grafik und Malerei, Berlin, Deutsch-
land

1.1 Landschaftsarchitekturbüro Stefan Pulkenat,
Gielow, Deutschland

1.2-3 Turenscape

1.4 Stefan Pulkenat

1.5 Catherine Mosbach, Paris, Frankreich; ©
Kazuyo Sejima + Ryue Nishizawa/SANAA/Imrey
Culbert/Catherine Mosbach

1.6 Stefan Pulkenat

1.7-8 Neumann Gusenburger

1.9 Stefan Pulkenat

1.10 Shunmyo Masuno + Japan Landscape
Consultants, Yokohama, Japan

1.11-12 Turenscape

1.13 Stefan Pulkenat

1.14 Gustafson Porter

1.15-16 Neumann Gusenburger

1.17 Lutz Mertens, Mertens & Mertens, Berlin,
Deutschland

1.18-19 Turenscape

1.20 GROSS.MAX, Edinburgh, Großbritannien

1.21 Gustafson Porter

1.22 Grupo Verde Ltda, Cundinamarca, Ko-
lumbien; Martha Fajardo, Noboru Kawashima,
Douglas Franco

1.23 SLA

1.24 GROSS.MAX

1.25 Gustafson Porter

1.26-29 plancontext landschaftsarchitektur,
Berlin, Deutschland

1.30-31 GROSS.MAX

1.32-33 West 8 urban design & landscape archi-
tecture bv, Rotterdam, Niederlande

1.34-35 Stefan Pulkenat

1.36-37 GROSS.MAX

1.38 Shlomo Aronson, Landscape Architects,
Town Planners and Architects, Jerusalem, Israel

1.39 Neumann Gusenburger

1.40-41 West 8

1.42 GROSS.MAX

1.43-45 Stefan Pulkenat

1.46-49 WES & Partner Schatz Betz Kaschke
Wehberg-Krafft Landschaftsarchitekten, Ham-
burg, Deutschland

1.50 Judy.Green.Landscape.Architecture, Jeru-
salem, Israel; in Zusammenarbeit mit dem Büro
Lawrence Halprin, San Francisco, USA

1.51-52 Stefan Pulkenat

1.53 Gustafson Porter

1.54 Turenscape

1.55 SLA

1.56 Catherine Mosbach

1.57 Turenscape

1.58 Neumann Gusenburger

1.59 Plancontext
mit Peter von Klitzing Architekten, Berlin

1.60 Plancontext

1.61-62 Stefan Pulkenat

1.63 GROSS.MAX

1.64 Abigail Feldman

1.65 Neumann Gusenburger

1.66 Stefan Pulkenat

1.67 Lenné3D GmbH, Berlin, Deutschland;
„Strawberry Fields Forever" mit Jan Walter
Schliep im Auftrag des Leibniz-Zentrums für
Agrarlandschaftsforschung

1.68 Dirk Stendel, Landschaftsvisualisierung,
Berlin, Deutschland

Seite 71 (2), 72 (3) Jan und Jens Steinberg

1.69-70 CBCL Limited

1.71 Turenscape

1.72 lohrer.hochrein landschaftsarchitekten,
München, Deutschland; In Zusammenarbeit
mit UIA Paris

1.73 Lohrer.hochrein; in Zusammenarbeit mit
stegepartner, architekten, Dortmund und
ambrosius blanke, Bochum

1.74 Grupo Verde Ltda; Martha Fajardo,
Noboru Kawashima, Douglas Franco

1.75-77 Grupo Verde Ltda

1.78-79 Lohrer.hochrein; in Zusammenarbeit mit
ambrosius blanke verkehr.infrastruktur, Bochum

1.80 Neumann Gusenburger

1.81 Turenscape

1.82 Grupo Verde Ltda; Martha Fajardo,
Noboru Kawashima, Chen Yingfang

1.83 Plancontext

1.84 West 8

1.85 WES & Partner;

mit Schweger Associated Architects

1.86 West 8

1.87 GROSS.MAX

1.88 West 8

1.89 GROSS.MAX

1.90 RMP Stephan Lenzen Landschaftsar-
chitekten, Bonn, Deutschland; mit bloomimages,
Hamburg

1.91 Stefan Pulkenat

1.92 WES & Partner; mit Hans-Herman Krafft,
Berlin

1.93 West 8

1.94 Plancontext

1.95 Noack Landschaftsarchitekten, Dresden,
Deutschland; mit virtual-architects, Herrn Dipl.
Ing. Damian Idanoff

1.96-97 WES & Partner; mit Schweger Associ-
ated Architects

1.98-100 GROSS.MAX

1.101-103 SLA

1.104 GROSS.MAX

1.105 Lohrer.hochrein

1.106 Lohrer.hochrein in Zusammenarbeit mit
stegepartner Ar;chitekten Stadtplaner, Dortmund

1.107-108 WES & Partner mit der Künstler-
gruppe Observatorium, Rotterdam

1.109 Shlomo Aronson

1.110 Neumann Gusenburger

1.111 Turenscape

1.112-113 Neumann Gusenburger

1.114 GROSS.MAX

1.115 Grupo Verde Ltda.

1.116 Turenscape

1.117 Plancontext

1.118 Gustafson Porter

1.119-121 Turenscape

1.122-123 WES & Partner; mit Schweger Associ-
ated Architects

1.124 Grupo Verde Ltda.

1.125 SLA

1.126 GROSS.MAX

1.127 SLA

1.128 Neumann Gusenburger

1.129 Plancontext

1.130 Shunmyo Masuno +
Japan Landscape Consultants

1.131
Gustafson Porter

1.132
Grupo Verde Ltda.; Martha Fajardo,
Noboru Kawashima, Chen Yingfang

1.133 Plancontext;
mit Karl und Probst Architekten, München

1.134-136 Neumann Gusenburger

1.137 West 8

1.138 GROSS.MAX

1.139-140 Michel Desvigne, Paris, Frankreich

1.141a/b Stefan Pulkenat

1.142-145 Neumann Gusenburger

1.146-147 RMP Stephan Lenzen
mit bloomimages, Hamburg

1.148-149 Noack; mit virtual-architects,

Herrn Dipl.Ing. Damian Idanoff

1.150 Abigail Feldman

1.151-152 Plancontext;
mit Peter von Klitzing Architekten, Berlin

1.153 Turenscape

1.154-155 Christian Meyer, Garten- und
Bepflanzungsplanung, Berlin, Deutschland

1.156-1.157 Lenné 3D

1.158 Dirk Stendel

1.159 Abigail Feldman

1.160-166 Michel Desvigne

Seite 120 Gabriele Holst

2.1-25 Turenscape

2.26-47 Neumann Gusenburger

2.48-52 RMP Stefan Lenzen

2.53-56 West 8

2.57-62 James Corner Field Operations, New
York, USA; mit Diller Scofidio + Renfro, Piet
Oudolf

Seite 158 Gabriele Holst

3.1-15 Turenscape

3.16-18 Olaf Schroth, Institut für Raum- und
Landschaftsentwicklung, ETH Zürich; aus: EU-
Projekt VisuLands mit Prof. Willy A. Schmid, Prof.
Eckart Lange, Dr. Ulrike Wissen (alle ETHZ),
Kanton Luzern, UNESCO Biosphäre Entlebuch

3.19-43 David Flanders, Stephen Sheppard,
University of British Columbia, Kanada, Col-
laborative for
Advanced Landscape Planning CALP

3.44-58 Richard Weller, University of Western
Australia, Faculty of Architecture, Landscape and
Visual Arts, Crawley, Australien; Projekt gefördert
durch den Australian Research Council (ARC),
mit David Hedgcock (Zusammenarbeit), Donna
Broun
und Karl Kullmann (Forschung), Julia Robinson
und Phivo Georgiou (Assistenz)

Filmnachweis

Museumsplatz Wien, 3D Rendering Clip
Stefan Raab, Norbert Brandstätter,
Interaktive 3D-Visualisierung in der Freiraumge-
staltung – Der neue Museumsplatz Wien, Diplom-
arbeit Technische Universität Wien/Universität für
Bodenkultur Wien, 2001.

Green Dragon Park, Shanghai, besondere Merkmale;
Green Dragon Park, Shanghai, Struktur und Funktion
der Landschaft; Orange Island, Changsha
Turenscape, Beijing, China.

Biomasse in zukünftigen Landschaften,
eine virtuelle Landschaftsbildreise
Lenné3D GmbH, Berlin, Deutschland,
im Auftrag des Deutschen BiomasseForschungs-
Zentrums, finanziell gefördert durch das Bundes-
ministerium für Verkehr, Bau und Stadtentwick-
lung (BMVBS), 2009.

Shortcut
Janine Koch, Philipp Hegnauer, 2006
Affoltern eingekreist
Luca Pestalozzi, Peter Leibacher, 2008
ETH Zürich, Institut für Landschaftsarchitektur,
Professor Christophe Girot
Ass.: Susanne Hofer, Pascal Werner, Fred
Truniger
Experimentelle Videos zur Landschaftswahrneh-
mung.

Über die Autorin

Dr.-Ing. Elke Mertens, Landschaftsarchitektin bdla, hat nach ihrer Ausbildung zur Gärtnerin Landschaftsplanung an der Technischen Universität Berlin studiert, wo sie anschließend als wissenschaftliche Mitarbeiterin tätig war und 1997 über das Klima städtischer Baustrukturen promovierte. Nach einer Zeit der Selbstständigkeit wurde sie 1998 für das Fachgebiet Gartenarchitektur an die Hochschule Neubrandenburg berufen und lehrt im Bereich Darstellungstechnik und Entwerfen. Diese Thematik stellt neben anderen Aspekten einen Schwerpunkt ihrer Lehrveranstaltungen dar.

Als Professorin vertritt Frau Mertens den Studiengang „Landschaftsarchitektur und Umweltplanung" der Hochschule Neubrandenburg im European Council of Landscape Architecture Schools (ECLAS) und ist dort seit September 2006 Mitglied des Executive Committee. In dem von ECLAS gegründeten europäischen Netzwerk „LE:NOTRE" ist Frau Mertens Mitglied des Steering Committee.

Sachregister zur Visualisierung in der Landschaftsarchitektur

Büro- und Projektregister

Bibliografie

www.sla.dk

Gleisdreieck, Berlin
Cover, 1.23, 1.55, 1.127

Park 1001 Trees, Kopenhagen, Dänemark
0.33–34, 1.101-103, 1.125

Jan und Jens Steinberg, Landschaftsplanung,
Grafik und Malerei, Berlin, Deutschland

Grundriss
Seite 33

Schnittansicht
Seite 35

Parallelprojektion, Parallelogramm
Seite 71 (2)

Zentralperspektive, Perspektive mit Konvergenz,
Übereckperspektive
Seite 72 (3)

Dirk Stendel, Landschaftsvisualisierung,
Berlin, Deutschland
www.3d-landschaften.de

Schema und Beispiel zur Linsenrastertechnik
1.67

Schillerplatz, Schweinfurt, Deutschland
1.158

Turenscape, Peking, China
www.turenscape.com

Ehemalige Gasfabrik in Peking, China
1.116, 2.1-25

Ökologische Planung für die Stadt Taizhou und
ihre Umgebung, China
3.1-15

Orange Island, Juzizhou, Changsha, China
1.3

Qiaoyuan Park, Tianjin, China
0.19, 1.2, 1.18-19, 1.54, 1.111, 1.119

Green Dragon Park, Shanghai,China.
0.20–24, 1.11-12, 1.57, 1.71, 1.81, 1.120-121, 1.153

Richard Weller, Faculty of Architecture, Landscape
and Visual Arts, University of Western Australia,
Crawley, Australien. www.alva.uwa.edu.au

Szenarien für das mögliche Wachstum der Stadt
Perth und deren städtebauliche, freiraumplaner-
ische und umweltrelevante Auswirkungen
3.44-58

WES & Partner, Schatz Betz Kaschke Wehberg-
Krafft Landschaftsarchitekten, Hamburg, Deutsch-
land

Bergehalde „Die Himmelsleiter", Moers, Deut-
schland
1.46-49, 1.107-108

Dubai Pearl, Vereinigte Arabische Emirate
1.85, 1.96-97, 1.122-123

Planung Innenstadt Göttingen, Deutschland
1.92

West 8 urban design & landscape architecture bv, Rot-
terdam, Niederlande
www.west8.nl

Governors Island, New York, USA
1.86, 1.88, 1.93

Großes Ägyptisches Museum, Kairo, Ägypten
1.32-33, 1.84

Île Saint-Denis, Paris, Frankreich

1.40-41, 1.137

Wettbewerb Toronto Waterfront, Kanada
2.53-56

Historische Projekte

Wassili Iwanowitsch Bajenow

Schlosspark von Peterhof, Adamsbrunnen, 1796
0.5

Erwin Barth

Gartenplan für eine Villa in Potsdam, ca. 1901
0.11

Joan Blaeu

Tycho Brahes Schloss Uranienbaum
auf der Insel Hveen, 1663
0.2

Charles Cameron

Park des Schlosses Pawlowsk, um 1780
0.4

Herta Hammerbacher, Hermann Mattern

Bundesgartenschau 1955 in Kassel, Gesamtplan
0.12

Bundesgartenschau 1955 in Kassel, Vogelschau
des gesamten Ausstellungsgeländes
0.13

Peter Joseph Lenné

Plan von Charlottenhof oder Siam, 1839
0.7

Plan von Sanssouci und dessen Umgebung
nebst Projekt fließendes und springendes Wass-
er einzubringen, so wie auch die Promenaden zu
verschönern, 1816
0.6

Tiergarten bei Berlin, 1840
0.8

Gabriel Perelle

Schlosspark von Versailles, Bassin d'Apollon,
um 1670
0.3

Ippolito Rosellini

Garten am Nil, 1832
0.1

Gotthilf Ludwig (Louis) Runge

Plan einer Villa mit Garten, 1835
0.9

Ernst Steudener

Plan einer Villa mit Garten, 1835
0.10

Andrews, Jonathan: Handgezeichnete Visionen.
Eine Sammlung aus deutschen Architekturbüros.
Verlagshaus Braun, Berlin 2004. Aktualisierte engli-
sche Ausgabe: Architectural Visions – Contempora-
ry Sketches, Perspectives, Drawings. Verlagshaus
Braun, Berlin 2009

Bendfeldt, Jens, Klaus-Dieter Bendfeldt.
Zeichnen und Darstellen in der Freiraumplanung.
Von der Skizze zum Entwurf. (Fachbibliothek
Grün). Stuttgart: Eugen Ulmer Verlag, 2002

Bertauski, Tony. Plan Graphics for the Landscape
Designer. With Section-Elevation and Computer
Graphics. Upper Saddle River, New Jersey: Pearson
Prentice Hall, 2002

Bielefeld, Bert, Sebastian El Khouli. Basics Entwurf-
sidee. Basel, Boston, Berlin: Birkhäuser Verlag, 2007

Buhmann, Erich, Christina von Haaren, William
R. Miller (Hg.) Trends in Online Landscape
Architecture. Proceedings at Anhalt University of
Applied Sciences. Heidelberg: Herbert Wichmann
Verlag, 2004

Buhmann, Erich, Matthias Pietsch, Marcel Heinz
(Hg.). Digital Design in Landscape Architec-
ture 2008. Proceedings at Anhalt University of
Applied Sciences. Heidelberg: Herbert Wichmann
Verlag, 2008

Cejka, Jan. Darstellungstechniken in der Architek-
tur. Stuttgart: W. Kohlhammer Verlag, 1999

Darstellung. Themenheft Garten + Landschaft,
3/2008

Davis, David A., Theodore D. Walker. Plan Graphics.
Hoboken, New Jersey et al.: John Wiley & Sons, 1990

de Jong, Eric, Michel Lafaille, Christian Bertram:
Landschappen van verbeelding. Vormgeven aan
de Europese traditie van de tuin- en landschaps-
architectuur 1600-2000. Rotterdam: NAi Uitgevers,
2008

Doyle, Michael E. Color Drawing. Design Drawing
Skills and Techniques for Architects, Landscape
Architects and Interior Designers. Hoboken, New
Jersey et al.:John Wiley & Sons, 2006

Garmory, Nicola, Rachel Tennant. Professional
Practice for Landscape Architects. Oxford et al.:
Architectural Press by Elsevier, 2007

Griffin, Victor Alvarez-Brunicardi. Introduction to
Architectural Presentation Graphics. Upper Saddle
River, New Jersey: Pearson Prentice Hall, 1998

Henz, Thomas. Gestaltung städtischer Freiräume.
Berlin, Hannover: Patzer Verlag, 1984

Holder, Eberhard, Martin Peukert. Darstellung und
Präsentation. Freihand und mit Computerwerk-
zeugen gestalten. Ein Handbuch für Architekten,
Innenarchitekten und Gestalter. Stuttgart, Mün-
chen: DVA, 2002

Holst, Gabriele. Der Weg des Kreativen am Bei-
spiel des Kritzels. Bedeutung und Analyse von
Empfindungsbildern als eine Vorstufe des land-
schaftsarchitektonischen Entwerfens. Saarbrücken:
Vdm Verlag Dr. Müller, 2008

Leonard J. Hopper. Landscape Architectural Gra-
phic Standards. Hoboken, New Jersey et al.: John
Wiley & Sons, 2007

Knauer, Roland. Entwerfen und Darstellen. Die
Zeichnung als Mittel des architektonischen Ent-
wurfs. Berlin: Ernst & Sohn Verlag für Architektur
und technische Wissenschaften, 2002

Knauer, Roland. Transformation. Grundlagen und
Methodik des Gestaltens. Basel, Boston, Berlin:
Birkhäuser Verlag, 2008

Loidl, Hans, Stefan Bernard. Freiräumen. Entwer-
fen als Landschaftsarchitektur. Basel, Boston,
Berlin: Birkhäuser Verlag, 2003

Paar, Philip: 3D-Visualisierung als Bestandteil der
Landschaftsplanung. Beitrag für die Internationale
Naturschutzakademie Insel Vilm, Oktober 2004

Pavord, Anna. Gärten gestalten mit Pflanzplänen.
München: Christian Verlag, 2001

Porter, Tom, Sue Goodman, Bob Greenstreet. Hand-
buch der graphischen Techniken für Architekten
und Designer. Köln: Verlagsgesellschaft Rudolf
Müller GmbH, 1985

Prinz, Dieter. Städtebau. Bd. 1: Städtebauliches
Entwerfen. Stuttgart: W. Kohlhammer Verlag, 1999

Prinz, Dieter. Städtebau. Bd. 2: Städtebauliches
Gestalten. Stuttgart: W. Kohlhammer Verlag, 1997

Reid, Grant W. Landscape Graphics.
New York: Watson-Guptill, 2002

Richter, Gerhard. Handbuch Stadtgrün.
Landschaftsarchitektur im städtischen Freiraum.
München: BLV Verlag, 1981

Schroth, Olaf: From Information to Participation.
Interactive Landscape Visualization as a Tool for
Collaborative Planning. Dissertation ETH Zürich
2007

Sheppard, Stephen R. J. Visual Simulation. A User's
Guide for Architects, Engineers and Planners.
New York: Van Nostrand Reinhold, 1989

Stankowski, Anton, Karl Duschek (Hg).
Visuelle Kommunikation. Ein Design-Handbuch.
Berlin: Reimer Verlag, 1994

Steenbergen, Clemens. Composing Landscapes.
Analysis, Typology and Experiments for Design.
Basel, Boston, Berlin: Birkhäuser Verlag, 2008

Stendel, Dirk. Autostereoscopic Visualization of
Landscape – a Research Project. CORP 2009 – Com-
petence Center for Urban and Regional Development
(14). Sitges. M. Hg. Schrenk, V. v. Popovich, D.
Engelke, P. Elisei. TU Wien. S. 33-44. 2009

Stendel, Dirk. Evaluation of Autostereoscopic Visuali-
zation of Landscape. Digital Landscape Architec-
ture 2009 (10), Malta. Hg. E. Buhmann, Kieferle,
Pietsch, P. Paar, E. Kretzler. Anhalt University of
Applied Sciences. S. 188-197. 2009.

Wang, Thomas C. Plan and Section Drawing. Ho-
boken, New Jersey et al.: John Wiley & Sons, 1996

Wöhrle, Regine Ellen, Hans-Jörg Wöhrle.
Basics Entwurfselement Pflanze.
Basel, Boston, Berlin: Birkhäuser Verlag, 2008